《魔幻科学》系列

头脑的魔鬼训练
与思维狂欢

丛书主编　杨广军

丛书副主编　朱焯炜　章振华　张兴娟

徐永存　于瑞莹　吴乐乐

本册主编　杨述超

本册副主编　李永杰　郭金金

天津人民出版社

图书在版编目（CIP）数据

头脑的魔鬼训练与思维狂欢／杨述超主编.－－天津：
天津人民出版社，2011.8（2018.5重印）
（巅峰阅读文库.魔幻科学）
ISBN 978-7-201-07168-8

Ⅰ.①头…　Ⅱ.①杨…　Ⅲ.①思维训练—通俗读物
Ⅳ.① B80-49

中国版本图书馆 CIP 数据核字（2011）第 158461 号

头脑的魔鬼训练与思维狂欢
TOUNAO DE MOGUI XUNLIAN YU SIWEI KUANGHUAN

出　　版	天津人民出版社
出 版 人	黄　沛
地　　址	天津市和平区西康路35号康岳大厦
邮政编码	300051
邮购电话	（022）23332469
网　　址	http://www.tjrmcbs.com
电子邮箱	tjrmcbs@126.com
责任编辑	王昊静
装帧设计	3棵树设计工作组
制版印刷	北京一鑫印务有限公司
经　　销	新华书店
开　　本	787×1092毫米　1/16
印　　张	12.5
字　　数	250千字
版次印次	2011年8月第1版　2018年5月第2次印刷
定　　价	24.80元

卷 首 语

　　思维是个神奇的世界，它是那样的虚无缥缈，却又为人类所实实在在地拥有；它是那样的不可琢磨，却又时常展现出那个世界的魔力。拥有一颗灵慧的大脑，曾让多少人为之梦寐以求，而享受思维的盛宴与狂欢，在后天的求索与训练中是否能够成为可能？

　　提到思维训练，它是 20 世纪中期诞生的一种头脑智能开发和训练技术，它让人们相信"人脑可以像肌肉一样通过后天的训练强化"。今天，人们不仅掌握了有效开发头脑智能的方法，而且也形成了诸多的思维训练流派，其中"思维工具"的传授和训练在实践中展现出它非同一般的神奇。

　　在中国，思维训练、智力开发日益受到广泛重视，被广泛应用于婴幼儿早教、中小学生思维素质提升等方方面面。来吧，让我们一起走进本书，一起去追求，一起去体会头脑的魔鬼训练，一起去享受思维狂欢的盛宴吧！

目 录

认识你自己——思维与心理学

点燃智慧的火光——创造力开发训练

目　录 «««««««««««««««««

先有鸡还是先有蛋

——思维的逻辑训练

这是一个有趣的问题，到底是先有鸡还是先有蛋？

如果我们说先有鸡——因为蛋是鸡生的，但是，鸡又是从蛋里孵出来的，没有蛋怎么会有鸡呢？那么就该先有蛋了。

如果我们说先有蛋——因为鸡是从蛋里孵出来的，但是，没有鸡来生蛋，蛋又是从哪里来的呢？那么就该先有鸡了。

看来，无论我们怎么说都是错的，这究竟是为什么呢？

生活中的很多现象都存在着逻辑关系，我们通过训练就能分析出它们当中究竟哪些是真理，哪些是谬误了。想知道到底是先有鸡还是先有蛋吗？那我们就从现在开始来探寻吧！你学习了本章的内容后一定会有自己独到的看法。

数不完的谷粒——有趣的数学故事

古代波斯有个国王很富有，一天他对一个智者说，你和我下棋，如果你赢了我，我就可以满足你一个愿望。

后来智者赢了，智者就说："尊敬的陛下，我的愿望很简单，我只要一些谷粒。在棋盘第一个格子里放 1 颗谷粒，第二个格子里放 2 颗谷粒，第三个格子放 4 颗谷粒，第四个格子里放 8 颗谷粒……就像这样放下去，我要最后一个格子里的谷粒。"

◆国际象棋的棋盘只有 64 个格子，但按照智者的说法，这个小小的棋盘却能装下全世界的粮食

国王有成堆成堆的粮食吃都吃不完呢，国王觉得原来智者的愿望这么简单，就答应了。但据说后来国王把这个智者杀掉了，一颗粮食都没给智者。难道是国王耍赖，还是有其他原因呢？你想知道这是为什么吗？

一个有趣的数学笑话

◆圆周率 π 是一个奇特的东西，它是衡量古代一个国家数学发展水平的重要标志

"……5，1，4，1，3——背完了！"一个疲倦的老头大叫到。

"您看上去精疲力竭，您在做什么？"

"我在倒背圆周率。"

这是英籍奥地利哲学家路德维希·维特根斯坦（Ludwig Wittgenstein，1889－1951）在他的哲学著作里讲的一个笑话。你看出来这段话为什么可笑了吗？

答案——对以上数学问题的解读

先说说为什么那么富有的波斯国王不履行自己的诺言却要杀掉那个智者呢，因为他没有能力兑现他的承诺。

这是一个数学问题，叫做等比数列的问题。按照智者的方法，棋盘有 n 个格子，那么最后一个格子要放的谷粒就是 2^{n-1} 颗。如果象棋棋盘，就是后来欧洲常玩的国际象棋棋盘，有 64 个格子，那么国王在最后一个格子里就得放 2^{63} 颗谷粒，我们现在知道一颗稻谷的重量大约是 0.02 克，那么国王就得给哲学家 4×10^{13} 千克谷粒，也就是 40 亿吨谷粒，这是一个多得超乎想象的数量，因为 2009 年我们全国粮食总产量才 5 亿吨。这下我们就会明白为什么那么富有的国王居然没有那么多粮食放满象棋盘的最后一个格子了。

◆一颗谷粒虽小，但图中这成片的粮食却够许多人吃一年了。然而，国际象棋棋盘最后一个格子里放的 2^{63} 颗谷粒却是一个多得惊人的数量：40 亿吨！

圆周率是一个常数（约等于 3.1415926），是代表圆周长和直径的比值。圆周率是一个无理数，即是一个无限不循环小数。但在日常生活中，通常是用 3.14 来代表圆周率进行计算的，即使是工程师或物理学家要进行较精密的计算，也只取值到小数点后约 20 位。π（pài）是一个希腊字母，它本来和圆周率没什么关系的，但大数学家欧拉在 1736 年开始在书信和论文中都用 π 来代表圆周率，后来大家就习惯用 π 来表示了。正因为 π 是无限的不循环小数，所以倒背圆周率是不可能的，这下你明白了吧。

值得一提的是，早在南北朝时，我国著名数学家祖冲之就得出精确到小数点后 7 位的 π 值（约 5 世纪下半叶），给出不足近似值 3.1415926 和过剩近似值 3.1415927，他的辉煌成就比欧洲至少早了 1000 年。

知 识 窗

国际象棋

国际象棋，又称欧洲象棋，是一种两人对弈的战略游戏。国际象棋棋盘由 64 个黑白相间的格子组成，黑白棋子各 16 个，棋子用木或塑胶制成，也有用石块制作的；较为精美的石头、玻璃（水晶）或金属棋子常用作装饰摆设。国际象棋是世界上最受欢迎的棋类游戏之一，数以亿计的人们以各种方式下国际象棋。

数学的起源

数学被誉为人类知识的基础，现代西方科学之所以这么发达就是因为它们有非常深厚的数学传统。

古希腊被誉为西方文明的摇篮，也是数学的起源之地。古希腊数学的成就非常辉煌，人们至今还在享受着它留下的巨大的精神财富。不论从数量还是从质量上看，古希腊数学在全世界都有着举足轻重的作用。希腊数学不仅有着许多著名的数学知识，更重要的是产生了数学精神，即演绎推理的数学证明方法。数学的抽象化的思维为数学以及其他科学的发展起了重要的作用。而由数学精神所产生的理性、确定性、不可抗拒的规律性等重要思想，则在人类文化发展史上占据了重要的地位。

古希腊的数学首先是从实践中得来的。据说古希腊第一位哲学家泰勒斯就用数学方法丈量了金字塔的高度。古希腊还出现了阿基米德等著名数学家。

◆古希腊的泰勒斯在没有任何现代设备的条件下，就是用数学方法丈量金字塔高度的

  知 识 窗

百牛定理

百牛定理（又称商高定理、毕达哥拉斯定理），是一个基本的几何定理，早在中国商代就由商高发现。据说古希腊的毕达哥拉斯发现了这个定理后非常高兴，当即就杀了一百头牛来庆祝，因此又称百牛定理。

  名人介绍——阿基米德

阿基米德（Archimedes，公元前287—公元前212）出生在叙拉古的贵族家

TOUNAO DE MOGUI XUNLIAN
YU SIWEI KUANGHUAN

先有鸡还是先有蛋——思维的逻辑训练

庭，父亲是位天文学家。在父亲的影响下，阿基米德从小热爱学习，与许多古希腊人一样，善于思考，喜欢辩论。他曾穿过地中海到埃及的亚历山大里亚求学。阿基米德被后世的数学家尊称为"数学之神"。在人类有史以来最重要的三位数学家中，阿基米德占首位，另外两位是牛顿和高斯。

阿基米德曾说过：给我一个杠杆的支点，我就能撬动地球。假如阿基米德有个能架杠杆的地方，他真能挪动地球吗？也许能，不过，据科学家计算，如果真有相应的条件，阿基米德使用的杠杆必须要有 88×10^{21} 英里长才行！更何况在宇宙中也找不到这样一个可以架杠杆的地方。

而另一个让阿基米德闻名世界的是他在智破金冠案时发现的一个科学原理。国王让金匠做了一顶新的纯金王冠，但他怀疑金匠在金冠中掺假了。可是做好的王冠在重量上和外形上都符合标准，而国王又不能打破王冠来查验，于是国王把这个难题交给了阿基米德。

阿基米德日思夜想，一天，他去澡堂洗澡，当他慢慢坐进澡堂时，水从盆边溢了出来，他望着溢出来的水，突然大叫一声："我知道了！"竟然一丝不挂地跑回家中。他发现，如果将王冠浸入水中，溢出的水的体积则与金冠的体积相等。而白银密度比黄金

◆阿基米德是古希腊著名的数学家、物理学家，静力学和流体静力学的奠基人，也是具有传奇色彩的人物

◆说说看，阿基米德是怎样既不弄坏皇冠又判断金匠有没有在金皇冠里掺白银呢？

小，相同重量的白银体积比黄金大，如果工匠掺了假，那么溢出的水的体积则会大于相同重量的黄金的体积。这就是阿基米德后来得到的浮力定理。直到今天，人们还在利用这个原理测定船舶载重量。

思维迷宫——逻辑悖论

德国伟大的哲学家、数学家莱布尼茨（Gottfried Wilhelm von Leibniz，1646—1716）曾经说过，我们的思维有两个老是要误入歧途的迷宫：一个是有关自由和必然性的问题，一个是有关连续性和不可分性的问题。你能理解他说的迷宫的含义吗？

数学和逻辑是紧密相关的，在历史上，数学发生过三次危机，每一次危机的解决都促成了数学的伟大革命

◆这一节我们将面对一些困难却很有趣的问题

和进步，而最近发生的一次数学革命源于一个悖论——罗素悖论。

西方有学者认为，悖论是思维走向成熟的基本起点，我们接下来就跟大哲学家们一起来探究悖论的问题。

悖论是如何产生的?

英国的哲学教授罗伊·索伦森（Roy Sorensen）在他的《悖论简史》里是这样描述悖论的："悖论是太多好答案的集合，在这些好答案之间我们不知道该选择哪一个答案，于是便产生了悖论。"

西方人信仰上帝，他们认为上帝创造了世间万物，是无所不能的，但有人就问了一个问题，上帝能不能创造一块连他自己也举不动的石头呢？如果他创造了这么一块石头，他自己

举不起来，显然他就不是无所不能的；如果他创造不出一块这样的石头，那么他也不是无所不能的。这看起来仿佛仅仅是一个游戏而已，但像这样的悖论却像遮住真理的帷幕露出的一个小缝，我们也许能从中发现一些令人惊奇的东西。

悖论（paradox）来自希腊语"para＋dokein"，意思是"多想一想"。这个词原本的含义比较丰富，它包括一切与人的直觉和经验相矛盾的数学结论，而这样的结论往往会使我们惊异无比。

◆一幅经典的视觉悖论图片，看看其中隐藏着什么奥秘

悖论是自相矛盾的命题。即如果承认一个命题是真的，那么经过一系列正确的推理过程，则能得出它是假的结论；而如果承认它是假的，经过一系列正确的推理，却又能得出它是真的结论。

古今中外有不少著名的悖论，其中不少悖论就动摇了逻辑和数学的基础，吸引了古往今来许多思想家的注意力，激发了人们对知识更加深入的思考。解决悖论难题需要创造性的思考，悖论的解决又往往可以给人带来新奇的理念。

知识书屋

时间悖论

时间悖论最早出现在科幻小说中。这个悖论有这样一个假设：人类控制了四维空间中的最后一个要素——时间。于是，人类就能够随心所欲地回到过去或前往将来。在这个假设下，"时间悖论"就产生了。

最为著名的"时间悖论"一般又被称为"祖父悖论"。即：假设一个人回到了过去，在自己父亲出生前非故意地杀害了自己的祖父。既然祖父在他父亲出生前就死了，那么也就不会有他父亲了，也就更不会有他自己了；既然他不存在，又有谁能回到过去，杀害自己的祖父呢？

一个令法国数学家沮丧的悖论

在 1900 年的国际数学家大会上，法国的数学家们自信地公布了他们的研究成果。他们宣称说："借助集合论的概念，我们可以通过绝对的严格性建造数学大厦了。"可是好景不长，英国数学家罗素就构造了一个集合 S（S 由一切不属于自身的集合所组成）。然后罗素就问：S 是不是属于 S 呢？如果 S 属于 S，根据 S 的定义，S 就不属于 S（因为 S 的定义是所有不属于 S 自身的集合构成）；如果 S 不属于 S，根据 S 的定义，S 就属于 S。看来无论怎样都是矛盾的。看来集合论并不能解决一切数学问题，因为这个定义自身就是矛盾的。

知识窗

悖论有三种形式

1. 一种论断看起来好像肯定错了，但实际上是对的。2. 一种论断看起来好像肯定是对的，但实际上却错了。3. 一系列推理看起来无懈可击，可是却导致逻辑上的自相矛盾。

名人介绍——英国哲学家罗素

伯特兰·亚瑟·威廉·罗素（Bertrand Arthur William Russell，1872—1970），英国哲学家、数学家、逻辑学家。英国剑桥大学三一学院毕业后留校任教。

1920 年，罗素曾来中国讲述和研究过数理逻辑和数学基础。以他命名的"罗素悖论"对 20 世纪的数学产生了革命性的影响。他与怀特海合著的《数学原理》成功地解决了包括罗素悖论在内的不少悖论，成为了人类数学和数理逻辑史上里程碑式的著作，至今仍然是广大数学和逻辑学学生的通用教材。

罗素还是保卫和平的英雄战士。1961 年为反对美国政府发展核武器，89 岁高龄的罗素偕夫人参加了伦敦游行示威。后来，1962 年在古巴导弹危机期间他

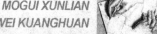

先有鸡还是先有蛋——思维的逻辑训练

◆英国哲学家——伯特兰·阿瑟·威廉·罗素

◆罗素是一位丰产和博学的大师，他还曾获得过诺贝尔文学奖。图为诺贝尔奖奖章

极力呼吁美苏首脑举行高级会谈，避免战争。

值得一提的是罗素还和中国有一段渊源。1920年罗素曾来中国进行访问和讲学。他在长沙期间，青年时期的毛泽东还曾担任他的记录员。罗素回到欧洲后写作了《中国问题》一书，孙中山因此书而称他为"唯一真正理解中国的西方人"。同时罗素还是一位多产的文学家，其文学代表作有《我的信仰》、《教育和幸福生活》、《婚姻和道德》等等，并在1950年获得了诺贝尔文学奖。

如何解决悖论

悖论深深地困扰了人类几千年，许许多多的哲学家、数学家都意图解决悖论，但仿佛这是不可能的，因为悖论自身就是无法解决的矛盾。下面我们就简略介绍一下那些哲人们曾经尝试过的解决方法。

罗素的方法

罗素认为，悖论产生的原因

◆你能看出这幅画中的蹊跷吗？

是由于日常语言存在着自我涉及，道理就跟用太阳来解释太阳是什么一样。因此他的解决方法就是禁止说这样的话，这样我们就不会面临悖论的困难了。但是仿佛这也是不可靠的。因为通过这样的方法虽然可以避免悖论，但却过了分，就如我们怕吃饭被噎着而不吃饭一样，结果最终只能被活活饿死，而这样做是得不偿失的！

成 语

因噎废食

意思是说有人吃饭噎着了，索性连饭都不吃了。这太荒谬了。比喻要做的事情由于出了小毛病或怕出问题就索性不去做。

知 识 窗

不可想象的后果

如果按照罗素的说法，我们有很多话都不能说了。比方说"我说的话是真的"这样的话就不能说了。显然这样的做法是难以让人容忍的。

◆各式各样的文字与我们想要表达的意思到底有什么关系呢？

塔尔斯基的方法

波兰裔美国籍犹太哲学家阿尔弗雷德·塔尔斯基（Alfred Tarski，1901－1983）认为悖论产生的根源是我们自己作了不当判断，主张用语言分析的方法来解决悖论。

语言层次理论在现代逻辑和科学理论的发展中具有极其重要的作用，在解决悖论方面具有独特的功能。塔尔斯基的对象语言和元语言理论则进一步丰富和发展了语言层次理论，并且极大地促进了各种元语言理论的产生和发展，从而在更为广阔的意义上显示了语言层次理论在科学发展中所起的巨大作用。

动动脑——尝试解决悖论

现在我们知道了悖论是非常有趣的，对于训练我们的思维也是非常有用的，那么我们也可以自己尝试解决悖论。

要解决悖论，我们就得多多学习哲人们的思想，学习他们的思考方法。俗话说"书山有路勤为径，学海无涯苦作舟"嘛。这里给大家推荐一本有趣的好书，英国人罗伊·索伦森写的《悖论简史》，这可是一本有趣的书哦！让自己的假期充实起来，过得快乐、有趣些吧！

追本溯源——最古老的悖论

在遥远的古希腊时，悖论就非常流行了。我们中国古代也有许多悖论，春秋时候就有个人讲过一个"白马非马"的悖论故事。

◆各种颜色的马都是马，那马与白马有什么区别？

悖论是非常有趣的，这在前面我们已经见识过了，但是悖论除了有趣之外还有没有什么意义呢？难道悖论只是一些无稽之谈吗？悖论总是谬误吗？带着这些问题我们再去探讨历史上几个最古老的悖论，看看它们究竟怎么影响了我们。

回顾——鸡与蛋问题的解决

◆科学家根据达尔文进化论绘制的物种起源图

还记得先前我们讲过的那个鸡与蛋的悖论吗？这个悖论早在古希腊就产生了，它关系着生物起源——尤其是人类起源的大问题。对于这个问题的不同回答会导致重大的后果。

人到底是从哪里来的呢？古希腊时代的回答是人是奥林匹斯山上的神创造的，所以古希腊人信奉奥林匹斯山上的神；基督教时代的回答是人是上帝创造的，所以基督教徒信奉基督教；达尔文发现了物种的起源，回答说人来自动物，所以他信奉自然选择。

现在我们知道了生物的进化是一个漫长的过程，说明鸡和蛋一开始就不是现在这个样子，因此我们现在就可以说：既没有一个先有的鸡，也没有一个先有的蛋。因为越往前推，那个鸡就慢慢越来越不像鸡，那个蛋就越来越不像蛋，也就无所谓到底先有鸡还是先有蛋了。

谁是说谎者？

古代希腊所有悖论中最为著名的悖论莫过于说谎者悖论了，它被称为是悖论史上最为耀眼的明珠，盛行几千年而不衰。

说谎者悖论来自于古希腊克里特岛的一个叫欧比米得斯的人，他曾说："所有克里特岛人都是说谎者。"但遗憾的是，欧比米得斯自己就是一个克里特岛人，因此他说的这句话就有问题了。因为假如他说的话是真的，所有克里特岛人都是说谎者，那么他自己也在说谎，所以他说的话不能相信；但如果他说的话是假的，那么克里特岛人就不是说谎者，因此他的话是真的。这个故事就是说谎者悖论。

后来的哲学家们都在试图努力解决这个悖论，尤其是在近代数学出现危机之后更是这样。我们前面讲到的大哲学家罗素、维特根斯坦和塔尔斯基都曾经从这个悖论出发做了很多研究工作，取得了很大的成就。

名人介绍——德国的莱布尼茨

戈特弗里德·威廉·凡·莱布尼茨（Gottfried Wilhelm von Leibniz，1646—1716）是德国历史上最重要的自然科学家、数学家、物理学家和哲学家之一，他和艾萨克·牛顿（Isaac Newton，1643—1727）同为微积分的创建人，对解决那些困扰人类几千年的悖论和丰富人类的科学知识宝库作出了不可磨灭的贡献。

莱布尼茨提出的两大思维迷宫实际上就是两大悖论，他对这两大悖论的解答导致了重大的革命。一者引发了数学领域的翻天覆地的革命，而另一者则引起了欧洲大陆的社会与宗教革命。

公元1646年7月1日，戈特弗里德·威廉·凡·莱布尼茨出生于德国东部莱比锡的一个书香之家，父亲弗里德希·莱布尼茨是莱比锡大学的道德哲学教授，母亲凯瑟琳娜·施马克出身于教授家庭。1661 年，15 岁的莱布尼茨进入莱比锡大学学习法律。1667 年 2 月，阿尔特多夫大学授予他法学博士学位，还聘请他为法学教授。

在繁忙的公务之余，莱布尼茨广泛地研究哲学和各种科学、技术问题，从事多方面的学术研究和社会政治活动。公元 1716 年 11 月 14 日，由于胆结石引起的腹绞痛卧床一周后，莱布尼茨孤寂地离开了人世，终年 70 岁。

◆伟大的哲学家、科学家戈特弗里德·威廉·凡·莱布尼茨

◆汉诺威人为莱布尼茨立的塑像

莱布尼茨一生没有结婚，没有在大学当教授。他平时从不进教堂，因此他有一个绰号 Lovenix，即什么也不信的人。1793 年，汉诺威人为他建立了纪念碑；1883 年，在莱比锡的一座教堂附近竖起了他的一座立式雕像；1983 年，汉诺威市政府照原样重修了被毁于第二次世界大战中的"莱布尼茨故居"，供人们瞻仰。

知识书屋

克里特岛

希腊最大的岛屿。在地中海中，爱琴海之南。面积为 8336 平方公里，人口约 60 多万。最大城市为赫拉克利翁，行政中心在干尼亚。克里特岛多山，北部有狭窄的沿海平原，种植油橄榄、葡萄、柑橘等。克里特岛是古代爱琴文化的发源地，公元前 3000 年已进入青铜器时代。公元前 2000 年在岛北岸以诺萨斯城为中心建立了奴隶制国家，建造了宏伟的宫殿、庙宇。石雕、金银制品、珠宝、陶器制作发达，海上贸易频繁。约在古王宫末期，克诺索斯就统一了全岛。按希腊神话克里特岛有米诺斯王的传说，学者们遂称克诺索斯的王朝为米诺斯王朝，克里特文化亦名米诺斯文明。1669 年，克里特岛被土耳其人占领，1913 年划归希腊。

"白马非马"——中国先人的悖论

中国虽然没有西方那么多的悖论，但是早在春秋战国时代就有一个叫做公孙龙（约公元前 320－公元前 250）的哲学家提出过一个"白马非马"的问题。

据说有一次公孙龙经过一个关卡，关吏说："按照惯例，人可以过关，但

◆平原君经常邀请客人在家中举行辩论会

是马不行。"公孙龙便说白马不是马，一番论证让关吏哑口无言。最后关吏只好让他连人带马通通过去。

孔子的六世孙，大名鼎鼎的孔穿瞧不起公孙龙的学说，认为那只是糊弄人的诡辩，决意要驳倒他。于是他便在平原君的家中与公孙龙展开了辩论。

孔穿首先挖苦说："如果你愿意放弃你的学说，我就愿意做你的学

TOUNAO DE MOGUI XUNLIAN
YU SIWEI KUANGHUAN
>>>>>>>>>>>>>>>>>>>>>>>>>> **头脑的魔鬼训练与思维狂欢**

生。"于是公孙龙对孔穿讲了一个故事：当年楚王曾经去一个叫云梦的地方打猎，结果却把弓箭弄丢了，随从们赶紧请求去寻找。楚王说："不用了。楚国人丢了弓，又被楚国人捡到了，又何必寻找呢？"孔子听到了就说："楚王的仁义还没有做到家。应该说人丢了弓、人捡到了弓就是了，何必要说楚国呢？"

公孙龙评论道：照这样说，孔子是把楚人和人区别开来的。人们认为孔子把楚人和人区别开来的说法是正确的，却为什么认为我把白马与马区别开来的说法是错误的呢？

最后，公孙龙对孔穿说："先生

◆白马非马是画家们很喜爱的作画主题

你遵奉孔子所创建的儒家学说，却又反对孔子所赞同的观点；想要跟我学习，又叫我放弃我教授的东西。这样即使有一百个我这样的人，也根本无法做你的老师啊！"孔穿最后无言以对。

可以说，从"白马是马"到"白马非马"，是逻辑思维从低级阶段到了一个高级阶段的表现，进行这样的思维训练对于个人的智力开发大有裨益。

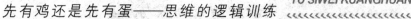

白马非马——概念分析

这是先前已经说过的一个故事，虽然后来的人们都说他的学说是诡辩，但事实上公孙龙的思想中包含了诸如概念分析这样可贵的因素，而这恰恰是西方哲学发展的一个重要方向——分析哲学。公孙龙不但提出过"白马非马"论，还提出过"坚白论"，那究竟什么是"坚白论"呢？我相信你理解了公孙龙的这两个故事后，以后思考问题的逻辑能力一定有大大的提高哦！

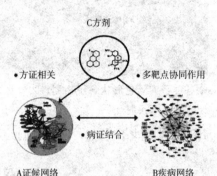

◆概念分析应用广泛，图为在生物医学研究领域中进行的对生物网络调控方案进行的一次概念分析

能言善辩的公孙龙

◆公孙龙（约公元前320—公元前250）

公孙龙向来以能言善辩著称，他曾跟许多著名的人物进行过辩论，几乎都是他得以胜出。但历史上对他的生平记载得不多，这可能与人们对他的偏见有关。他也许做过平原君的门客。《史记·平原君虞卿列传》说，"平原君厚待公孙龙"。

除了先前的"白马非马"，公孙龙还提出过"坚白论"。

他首先提了一个问题，坚硬、白色和石头这三个东西可以一起得到

◆各种石头颜色形状各不相同，为什么又都可以统称为石头呢

吗？他回答说不可以。然后又问，要是两个东西一起可以得到吗？他说可以。这是为什么呢？他解释说："视不得其所坚而得其所白者，无坚也。拊不得其所白而得其所坚，得其坚也，无白也。"意思就是说，我们用眼睛去看只能知道它是白的，却不能用眼睛看出它是坚硬的。而我们用手去触摸它也只能摸到它是坚硬的，却不能用手感觉它是白色的。所以我们是不能同时知道它既白也是石头。

奥卡姆的"剃刀"

公孙龙犀利的分析能力让我们这些炎黄子孙大大地骄傲了一把。同样，在西方也有很多分析能力一流的思想家，威廉·奥卡姆（William Occam，约 1285－1349）就是其中的佼佼者。

奥卡姆的"剃刀"在欧洲可是大名鼎鼎，不过他的"剃刀"并不

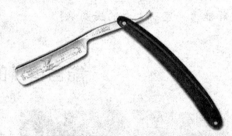

◆奥卡姆的剃刀就是要剃掉思想里多余的东西，就如同理发师用剃刀来剃掉我们头上多余的头发的道理一样

是用来剃胡须或者剃头发的。他的"剃刀"在欧洲引起了一场重要的宗教革命，因为这把"剃刀"把欧洲人所信仰的上帝剃掉了。

奥卡姆作了一个厉害的概念分析。他的"剃刀"理论是这么一句话："如无必要，切勿增加实体。"

他说这句话有什么意义呢？原来以前的欧洲人都是信仰基督教的，他们都相信上帝是存在的，结果就有很多人打着自己和上帝说过话的幌子来欺骗别人。奥卡姆为了揭穿这些人的谎言，就提出了这个结论。他的意思

是说，如果没有必要，就不用增加一些不存在的东西的概念。他认为世界上只有我们能看见、摸到、听到的东西才是实在的，我们通常说的椅子、人、石头这些东西就是这样的东西，也只有这些东西的概念才是有意义的。而上帝这个概念我们既看不到，也摸不到听不到，所以是虚假的，所以我们要把这个概念清除掉，就像用剃须刀刮胡子一样把上帝这个概念从我们的语言中剃掉一样。这就是"奥卡姆的剃刀"。

奥卡姆的思想引起了基督教内部的激烈争斗，也为欧洲的宗教改革和文艺复兴奠定了思想基础。

什么是人——从一个笑话讲起

古希腊有个人问一个哲学家什么是人，哲学家就告诉他，人就是不长毛的、用两条腿走路的动物。第二天，那个人就把一只公鸡扒光了羽毛，然后送到哲学家那里问他："这也是人吗？"

看来哲学家对人的定义是不准确的，要对一个事物进行准确的定义，那就需要进行概念分析能力的训练了。

那到底什么是概念分析呢？叶继元在他的论文《图书馆学、情报学与信息科学、信息管理学等学科的关系

◆古代有人认为没有毛的两足动物就是人，那你能不能根据这种说法认定图中这只没毛的公鸡也可以称做人呢？

问题》中是这么解释的："概念分析法也称术语分析法，它是指研究确定术语所表示的概念的内涵和外延的研究方法。也就是在我们说话之前先要搞清楚我们说的到底是什么意思。"上面那个笑话显然就是因为那个哲学家对概念不清楚而引起的。

名人介绍——苏格拉底

◆古希腊大哲学家苏格拉底

苏格拉底（Socrates，公元前469—公元前399）是世界思想史上最伟大的人物之一，是西方哲学的鼻祖，他的观念和理想统治西方长达两千多年，而且继续影响当今人们的思想。

苏格拉底喜欢与人讨论问题。他主要通过和别人讨论，引导别人进行概念分析来帮助别人看清问题。他把自己的这种方法叫做"精神接生术"，而自己就是"精神助产士"。

例如，他曾经与一个叫做欧提德穆斯的年轻人有过一次谈话。青年人有雄心壮志，而且认为自己是一个道德高尚而且正直的人，他想当一名大政治家，下面就是他们的谈话内容。

"苏格拉底问：什么是正直呢？

欧（以下欧提德穆斯简称欧，苏格拉底简称苏）：我当然知道啦，而且我能说出什么是不正直呢！

苏：哦，那好，我们来做个游戏，把两种相反的行为进行分类。

欧：我同意！

苏：好吧，我们来看看欺骗怎么样？你觉得欺骗是正直的还是不正直的？

欧：当然应该是不正直的啦……

苏：可是一个将军欺骗了敌人，然后把敌人打败了，那你说他的这种行为是正直的吗？

欧：这样啊……但是，我刚才说的是欺骗亲人朋友。

苏：那么，看来我们要把这种行为分成两种情况了，是不是？

欧：我想是这样的。

苏：那么，假如一个孩子患了病却不肯吃药，他的父亲为了哄他吃药，告诉他药是好吃的，哄他吃了，救了他的命，这种欺骗是正直的吗？

欧：这也是正直的。

先有鸡还是先有蛋——思维的逻辑训练 《《《《《《《《《《《《《《《《《《《《《

苏：假如一个将军所统帅的军队马上就要崩溃了，可将军告诉士兵们援军马上就到，结果让士兵们鼓起勇气，打败了敌人，取得了胜利，这种欺骗是怎样的？

欧：我想这也是正直的。

苏：但是，你不是说过一个正直的人不应该欺骗亲人朋友吗？

欧：噢，苏格拉底，请让我把我说的话全部收回，我已经对你的问题失去信心了。"

苏格拉底就是通过这样的方法让别人更深刻地了解一个概念的意义，最后得到明确的概念。我们也可以借鉴苏格拉底的方法来检验自己的想法，这样我们就能够把话说得更清楚明白而又没有矛盾了。

明天太阳会从东方升起吗
——归纳法和因果分析

今天我们看见太阳从东边升起来了，明天太阳会不会也还从东方升起来呢？那后天呢？一周以后呢？一年以后呢？一百年以后呢？太阳会不会有一天从西边升起呢？如果会，那是为什么呢？如果不会，又是为什么呢？今天我用划燃的火柴点燃了蜡烛，那明天我用划燃的火柴能再点燃蜡烛吗？如果能，为什么呢？如果不能，那又是为什么呢？

◆我们是怎样得出太阳从东边升起的结论的？生活中处处藏着归纳法

这些看似简单的问题，通过哲学家的口中说出来之后却蕴涵了更深的道理，他会告诉你说明天太阳不一定会从东边升起，你今天还能点燃的蜡烛明天却不一定能点燃，你信吗？

培根的 "新工具"

◆现代科学大量应用试验装置进行观察，使用培根提的归纳法得出科学结论

弗兰西斯·培根（Francis Bacon，1561－1626），英国文艺复兴时期最重要的思想家之一，曾经被封为维鲁拉姆男爵和阿尔班斯子爵，他还担任过大法官。他对科学和哲学非常感兴趣，他提出了"知识就是力量"的口号。他认为感觉是认识的开端，是完全可靠的，

先有鸡还是先有蛋——思维的逻辑训练

是一切知识的源泉，因此他十分重视科学实验在认识中的作用。

培根认为，科学最重要的任务就是去发现原因和规律，而我们靠的就是归纳法。

《新工具》是培根最重要的著作。这部著作号召人们采用实验的方法——一种新的逻辑方法——归纳法去了解世界。人们要了解世界，就必须首先去观察世界，收集事实，然后再用归纳法从这些事实中得出结论。虽然科学家并不在科学研究的每一个细节方面都严格遵循培根的归纳法，但是他所表达的基本思想仍然有重大影响。从那个时代起到现在的科学家们都还是一直在采用培根提出的方法进行科学研究。

◆1620年印刷出版的《新工具》

归纳法和生活

◆我们可以使用归纳法从种类繁多的葡萄中挑选好葡萄

归纳法或归纳推理，有时叫做归纳逻辑，是从个别性知识推出一般性知识。弗兰西斯·培根就是归纳逻辑的创始人，并且他在《新工具》中大力宣传归纳法。他认为，通过归纳方法，我们可以从特殊事实"逐级"上升，最后达到"最普遍的公理"。这就好比我们去水果市场买葡萄，在我们买葡萄的时候就用了归纳法，我们往往先尝一尝，如果尝过几个都很甜，那么我们就归纳出所有的葡萄都很甜，就放心地买上一大串。

归纳法与科学

科学研究更是大量地使用归纳法，英国博物学家、生物学家查尔斯·达尔文（Charles Robert Darwin, 1809－1882）就是先在世界各地考察，发现了由于长颈鹿要吃高处的树叶生存，所以短脖子的长颈鹿就被淘汰了；在一个风很大的小岛上几乎所有的昆虫都没有翅膀

◆达尔文是如何从长颈鹿的长脖子提出进化论的呢？

或者翅膀很小，因为长了大翅膀的昆虫在刮大风的时候容易被吹到大海里去，不易存活下来……他发现了几个这样的自然选择的例子，然后从个别推到一般，最终提出了以自然选择为基础的进化论。

明天的太阳为什么会从东方升起？

前面我们一开始就问了太阳从东方升起和打火机点蜡烛的问题，那么我们现在就用归纳法来研究一下它们。大家都反复看到过太阳从东方升起，于是我们用归纳法得到结论，太阳永远都从东方升起。所以我们在没有看到明天的太阳从东方升起的时候，就断定说明天的太阳仍然将会从东方升起。

归纳法与因果性

单凭归纳法自身，其实还不能在科学和生活中发挥如此巨大的威力，其实归纳法还有一个有力的伙伴，那就是因果必然性。

科学家们通过不断的实验和归纳，发现有些现象总是由另一些现象引

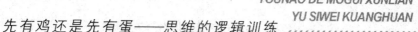

起的，科学家们就称它们之间的关系是因果关系，而且怎么重复都会有效。比方说，我们把一瓶矿泉水放进冰箱 0°C 的冷冻室里，过了一天后发现矿泉水冻成了冰块。我们反复做几个类似的实验，总能发现水在 0°C 的条件下会冻成冰。于是我们就能得出结论说：0°C 的低温条件是水结成冰的原因。而这种因果必然性就是我们说的真理。科学家们按照这种方法就可以进行真理的探讨了。

◆科学家根据归纳法得来的因果关系就能知道水的冰点是 0°C

休谟的反驳

◆英国哲学家大卫·休谟

虽然归纳法屡试不爽，具有不可思议的有效性，但是英国哲学家大卫·休谟却对归纳法提出了有力的反驳。

大卫·休谟（David Hume, 1711 — 1776）英国著名哲学家、历史学家和经济学家。

休谟首先说人类的一切知识都来自于我们的感觉经验，就像刚才我们讲过的，因为我们看到太阳每天都从东方升起，所以我们有了太阳从东边升起的知识；因为我们被火烧伤过，所以我们有了火能烧伤人的知识。但是休谟却说，我们不能从经验归纳得到确定的知识。这就好比我们见过了很多天鹅，而且我们见过的所有天鹅都是白色的，所以我们就断定所有的天鹅都是白色的；但是我们却可能在某一天看见了一只黑色的天鹅，那么我们的"天鹅都是白色的"的结论就错了。所以休谟说归纳法并不一定是可靠的，也就是说归纳法是可能出错的。

虽然休谟认为人类知识都是来自于经验归纳，都不可靠，只是我们习惯的产物，但他说习惯是我们行动的伟大老师，因此我们在生活中还是要按照习惯行动，不然我们就会遇到麻烦。

世界上有两片相同的树叶吗
——比较的方法

◆比较这些树叶，你能找到两片完全相同的树叶吗？

我们每天都会遇到各种相同或者不相同的东西，我们会在它们之间进行不停的比较。如果我问你世界上有两片相同的树叶吗？你就一定会走进树林里去寻找许多叶片，然后再把它们相互比较，看它们到底是不是相同的，或者有什么差异。再比如我们走进超市买东西，肯定会在不同的商品之间进行比较，看看哪个更实惠，哪个更好用。但我们只会拿香皂和香皂作比较，不会拿香皂和西红柿作比较，这是为什么呢？

什么是比较？

比较的中文解释如下：①事物的相同属性辨别异同或高下。例如，通过比较鉴别两块布料，这块的颜色好，而另一块的质地好。②介词，用来比较性状和程度的差别：这项政策贯彻以后，农民的生产积极性比较前一时期有

◆你能发现这两朵花之间有什么异同吗？

所提高。③副词，表示具有一定程度：这篇文章写得比较好。

我们今天要谈的比较是第一种意思的比较。你能发现上面的两朵花有什么异同吗？

比较的分类

比较可以分为横向比较与纵向比较。

横向比较就是对空间上同时并存的事物进行比较。通过横向比较可以了解同类事物的大小、多少、优劣，以对决策起到参考作用。比如说，2008年中国的 GDP 增长比率是9.8％，德国是 1.3％，美国是1.1％，日本是-0.3％。

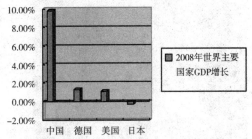

◆横向比较

纵向比较是单个事物与过去某个时间的状态进行比较，即时间上的比较。纵向比较可以比较同一事物在不同时期的形态，从而认识事物的发展变化过程，揭示事物的发展规律。

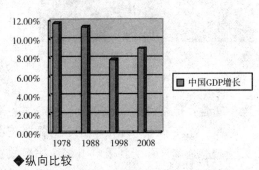

◆纵向比较

比如，中国1978年的 GDP 增长比率是11.7％，1988年是11.3％，1998年是7.8％，2008年是9％。

比较分析的方法是财务报表使用的基本方法之一，是通过某项财务指标与性质相同的指标评价标准进行对比，揭示企业财务状况、经营情况和现金流量情况的一种分析方法。比较分析法是最基本的分析方法，在财务报表分析中应用很广。当然比较分析法在其他领域中也有广泛应用。

比较和科学发现

◆美国科学家、独立革命领袖本杰明·富兰克林

1724年，美国科学家富兰克林（Benjamin Franklin，1706－1790）乘船去伦敦。一个雷雨天，他在船上看到船的桅杆尖上有一串淡蓝色的火花。船员们说这是神火。富兰克林在英国时也问过一些科学家，他们认为所谓的神火是某种气体的燃烧和爆炸。后来，富兰克林也就认为神火是"一种难以捉摸的可能是硫磺、黄铁矿这样的易燃气体，并且自己着了火"。

1746年荷兰莱顿大学的马森布罗克发明了莱顿瓶，富兰克林收到了从欧洲寄来的莱顿瓶。富兰克林看到英国学者史宾斯在波士顿做的电学实验，他就也用莱顿瓶做各种电学实验。

在一次实验中，他把十几个莱顿瓶连在一起，他的夫人不小心碰到了莱顿瓶的金属杆，受到了电击，这次事故给他留下了深刻的印象。莱顿瓶中的电也能损伤人体，这同天上的雷电多么相像啊！雷电与莱顿瓶中的电是不是相同的呢？他决心要弄清这个问题。

他做了一个实验。他做了一个特殊的风筝，风筝下有一根铁丝，铁丝下栓一根麻绳，然后将铁丝末端栓上一把钥匙再导入莱顿瓶中。1752年7月一个电闪雷鸣的日子，他将这个风筝放到空中。如果天上真有电的话，电就能通过风筝将天上的电导到莱顿瓶中。果然，富兰克林通过他的莱顿瓶捕捉到了天空中的电。从此人们知道了雷电是空中的一种放电现象，富兰克林根据这个知识发明了避雷针，从此人们再也不用害怕雷电和它引起的灾害了。

原理介绍

雷电的原理

　　雷电是伴有闪电和雷鸣的一种雄伟壮观而又有点令人生畏的放电现象。雷电一般产生于对流发展旺盛的积雨云中，云的上部以正电荷为主，下部以负电荷为主，因此，云的上、下部之间形成一个电位差。当电位差达到一定程度后，就会产生放电现象，这就是我们常见的闪电。要注意的是，富兰克林的实验是非常危险的，稍有不慎就有被雷击的危险，所以大家一定不要模仿这个实验。

比较法在文学中的应用

　　比较的方法不仅被用来分析经济、发现科学原理，还能被应用到文学上，于是就产生了比较文学这门学科。比较文学就是专指跨越国界和语言界限的文学比较研究，即用比较的方法

◆汤显祖　　　　　　莎士比亚

来研究民族与民族、国家与国家之间的文学，或者文学与其他艺术形式的关系的新学科。比方说我们就可以把英国的大戏剧家莎士比亚（William Shakespeare，1564—1616）的戏剧和我国元代的汤显祖（1550—1616）的戏剧作品作比较研究。德国的大文学家约翰·沃尔夫冈·冯·歌德（Johann Wolfgang von Goethe，1749—1832）就是比较文学的先驱。我们国家的大文学家鲁迅、茅盾和钱钟书等都在比较文学方面作出了巨大的贡献。如今比较文学已经把哲学等许多其他人文学科甚至自然科学都包括了进来，成为当代热门的文学研究综合性学科。

TOUNAO DE MOGUI XUNLIAN
YU SIWEI KUANGHUAN
>>>>>>>>>>>>>>>>>> 头脑的魔鬼训练与思维狂欢

生活小窍门——巧用比较买水果

◆如何利用比较的方法辨别水果好坏？

现在许多水果都是经过化学试剂催熟的，而许多用于催熟的化学药品对人体是有害的。经常吃这种经过催熟的水果对身体不好，那么我们就用比较的方法来帮你挑选水果。

首先我们来看看西瓜。正常成熟的西瓜籽是黑的，而经过催熟的西瓜的西瓜尽管瓜瓤红了，但是西瓜籽却仍然是白的；正常成熟的西瓜能闻到香味，但是催熟的西瓜却没有香味，甚至有异味；正常成熟的西瓜甜度高，但是催熟的西瓜发酸，没有什么甜味。

再来看看香蕉。正常成熟的香蕉表皮一般都有"梅花点"，但是催熟的香蕉却嫩黄好看；正常成熟的香蕉芯是软的，而催熟的香蕉芯是硬的。

正常成熟的橙子颜色比较深，带一点浅红色，水分充足而且甜度高，但是催熟的橙子是浅黄色的，没有什么水分，而且比较酸。

总之我们可以通过比较颜色、气味、重量和味道鉴别。催熟的水果一般颜色鲜艳、光滑油亮，但是并不自然，自然成熟的水果相反。催熟的水果没有香味，而有一股发酵味，自然成熟的水果能闻到果香味，催熟的水果成熟度不够，口味差。

思维利器——辩证法

不同时期的哲学家对什么是辩证法有不同的见解，但是我们仍然可以从他们中间发现一些共同点。一般说来，我们都把辩证法当做是关于矛盾的学说。辩证法的核心是矛盾的斗争，或者说，辩证法就是矛盾论。我们现在所说的辩证法一般包括几个基本特点：对立统一、普遍联系和运动变化。斗争与联合相联结是辩证法作为方法论的基本思想。

◆一幅经典的充满矛盾的画，如何看待矛盾是一种智慧

我们在生活中会遇到各种各样的矛盾：学习很辛苦，所以很多同学都想玩耍，那么学习和玩耍就成了一对矛盾；周末又想去博物馆又想去郊游，可是时间又只够去一个地方，这又成了一对矛盾……那么怎么处理好这些矛盾，就需要我们好好地利用辩证法了。

塞翁失马

《淮南子》里曾讲过一个"塞翁失马"的故事。大概的意思是：从前，在边塞的地方住着一位老人。有一天，老人家的一匹马无缘无故地跑到胡人居住的地方去了。邻居们知道了都来安慰他，他却平静地说："这件事难道不是福吗?"果然，几个月后，那匹丢失的马突然又跑回家来了，还领着一匹胡人的骏马一起回来。邻居们得知，都前来向他家表示祝贺。老翁却坦然道："这样的事难道不是祸吗?"老翁养了许多好马，而他的儿子非常喜欢骑马。有一天，他儿子骑着那匹胡人的马到野外练习骑射，胡人

◆塞翁失马

◆孙子兵法里处处都有辩证法的思想，也正是这样才使它具有强大的生命力而流传数千年而不衰

的马性情暴烈，把他儿子重重地摔在地上，而那个小伙子就这样被摔断了大腿，成了终身残疾。邻居们听说后，纷纷前来慰问。老翁却说："这件事难道不是福吗？"

又过了一年，胡人侵犯边境，大举入塞。周围的年轻健壮的男子都被征召入伍，拿起武器去参战，死伤不可胜计。靠近边塞的年轻男子大多在战争中丧生。唯独老翁的儿子因跛脚残疾，没有去打仗，因而父子得以保全性命，安度余生。

中国古代的老子曾经说过："祸兮福所倚，福兮祸所伏。"春秋时代吴国的孙武将辩证法大量运用到军事斗争中，著成了举世闻名的《孙子兵法》。古希腊的哲学家德谟克利特也曾说过"人不能两次踏进同一条河流"；苏格拉底也把他自己称做"精神助产士"，他能帮别人认识真理；柏拉图通过辩证法发现了绝对的善。这些伟大的人物其实都是掌握了一件神兵利器——辩证法。而这个故事正是向我们阐述了生活中的辩证法。

辩证法溯源

不论在中国还是在外国，辩证法早在几千年前就被古代的哲人们掌握并熟练应用了。开篇的《淮南子》中讲的这个"塞翁失马"的故事就充满了我们中国先人的朴素的辩证法思想。通过这个故事我们知道了原来灾祸和幸福都不是一定的，在一定条件下，灾祸可能能成为幸福，幸福可能成为灾祸。

在古希腊罗马，因为辩论是日常的政治斗争方式之一，因此论辩之风盛行。当时的社会盛行的通过揭露不同意见之间争论或对话中的矛盾以探求真理的方法，即所谓"辩证法"，这是一种精明的论辩艺术，也是逻辑学的开端。当时有一种职业叫做智者，专门传授人辩论的知识，其中有一个打官司的故事非常有趣。

◆古希腊人喜欢辩论，辩证法的起初含义就是论辩的意思

我们中国的先人们也早就发现了辩证法的规律。老子（约公元前571—公元前471）曾说："有无相生，难易相成，长短相形，高下相倾，音声相和，前后相随。""祸兮福之所倚，福兮祸之所伏。"前一句的意思是说：有和无、难和易、长和短、高和下、音和声、前和后，这些相互矛盾的概念其实是互相联系的，互相倚靠的，如果缺少了一方，另一方也就不复存在了。后一句的意思是说：灾祸啊，幸福就孕育在其中；幸福啊，灾祸就隐藏在其中。

老子就是通过这样的一些语言来说明世界上的事物是相对的，事物是运动、变化和发展的；世界上没有绝对一成不变的事物，不变的只是变化本身。

◆老子（又称老聃）是我国古代最杰出的辩证法家

趣闻——诉讼的故事

　　古希腊有一个叫普罗塔哥拉（希腊语：Πρωταγόρας，约公元前490—公元前420）的人，他是古希腊的著名哲学家，专门传授别人论辩的技术。他在教人打官司时要和对方订立合同，学生入学时先交一半学费，毕业后第一次打赢官司后再交付另一半学费。他有一个叫欧提勒士的学生毕业后一直不替人打官司，当然也就不交另一半学费，普罗塔哥拉决定起诉他。

　　在法庭上，老师说：如果你在此案中胜诉，你就应按合同约定交付学费；如果你败诉就必须按法院判决付给我学费。总之无论胜诉还是败诉，你都要付给我另一半学费。欧提勒士则针锋相对地回答：老师您错了，这场官司无论胜负我都不用付学费。如果我胜诉，根据法庭判决我不用付学费；如果我败诉，根据合同中我第一次出庭胜诉才付学费的约定，我也不必交付学费呀。

辩证法的大师——黑格尔

◆黑格尔

　　格奥尔格·威廉·弗里德里希·黑格尔（Georg Wilhelm Friedrich Hegel，1770－1831），德国哲学家，被公认为迄今为止最伟大的辩证法大师之一。他出生于今天德国西南部符腾堡州首府斯图加特。1801年，30岁的黑格尔任教于耶拿大学。后来他的辩证法哲学思想被定为普鲁士国家的官方学说。1831年他在德国柏林去世。

　　恩格斯后来给他以高度的评价："近代德国哲学在黑格尔的体系中达到了顶峰，在这个体系中，黑格尔第一次——这是他的巨大功绩——把整个自然的、历史的和精神的世界描写为不断运动、变化、转化和发展的，并企图揭示这种运动和发展的内在联系。"

黑格尔一生著述颇丰，其代表作品有《精神现象学》、《逻辑学》、《哲学全书》、《法哲学原理》、《哲学史讲演录》、《历史哲学》和《美学》等。

黑格尔的传世名言

"存在即是真理。"

"我们可以断言，没有激情，任何伟大的事业都不能完成。"

◆试着应用黑格尔的辩证法分析一下太阳与行星之间的动静关系

"凡是合理的都是存在的，凡是存在的都是合理的。"

"历史往往会惊人地重现，只不过第一次是正史，第二次是闹剧。"

"一个民族只有有那些关注天空的人，这个民族才有希望。如果一个民族只是关心眼下脚下的事情，这个民族是没有未来的。"

"真理诚然是一个崇高的字眼，然而更是一桩崇高的业绩。如果人的心灵与情感依然健康，则其心潮必将为之激荡不已。"

"理想的人物不仅要在物质需要的满足上，还要在精神旨趣的满足上得到表现。"

动动脑——活用辩证法

在学习过程中，我们常常会遇到进步与退步的反复，一些同学避免不了灰心丧气，其实，大可不必。我们要对学习的道路充满信心，同时作好挑战挫折与失败的准备。当然，学习成绩之所以提高或下降是有原因的，或是心态问题，或是学习方法问题，我们要学会分析，学会调整。

学习过程中，面对不佳的学习成绩，总有同学在抱怨，或者说老师不好，或者说学校不好，其实这都是片面的原因，真正对我们的成绩起主导作用的还是主观因素。我们要敢于正视自己，学会发现自身的错误，进而改正。我们应该学会做一个"敢于发现自身错误的人"，而不是做一个"为自己的错误找借口的人"。

可见，生活是哲理的源泉，这是由生活演绎而来，生活中的各种现象都蕴涵着丰富的哲理，生活中的辩证法也同样具有普遍性，正是这些哲理使我们的生活充满了智慧，使生活更加熠熠夺目，不断绽放光彩。

先有鸡还是先有蛋——思维的逻辑训练

历史悬案——哲学家芝诺的问题

你能相信刘翔和乌龟赛跑会输给乌龟吗？你能相信你站在一座 10 米长的桥的一头，但却怎么也走不到另一头吗？你在看奥运会上的射箭比赛，却有人告诉你运动员射出的那支飞驰的箭却并没有动，你能相信吗？一粒米掉在地上发不出声音，一口袋米撒到地上却听得到声音，这又是为什么呢？

◆在龟兔赛跑中兔子输掉是因为在路上睡觉，而芝诺说赛跑名将也跑不过乌龟是为什么呢？

这些看似荒谬的问题却正是古希腊哲学家芝诺（希腊语：Ζήνων，约公元前 490—公元前 425）提出的问题，他不但提出了这些问题，而且经过了详细的论证，让别人无从反驳而无可奈何。那他究竟是怎样论证的呢？他的问题里究竟隐藏着些什么问题？下面就让我们来认识这位有趣的哲学家，看看他的问题吧！

知识"热身"——阿基里斯和龟

我们以前知道一个与龟相关的故事叫龟兔赛跑，赛跑的结果是龟胜利了，那么阿基里斯追龟的故事也是乌龟胜利了，它们之间有什么联系呢？

阿基里斯是古希腊奥运会中的一名长跑冠军，"阿基里斯追龟"说的是，"即使是跑得像阿基里斯这样快的人也永远追不上一只乌龟"。芝诺先假定说阿基里斯和一只乌龟站在同一起跑线上，但是要让乌龟先出发一会儿，然后让阿基里斯

◆古希腊赛跑名将阿基里斯，传说他跑起来如同风一般快

去追赶乌龟，那么不管乌龟先跑的路程有多长，也不管先跑的时间有多长，阿基里斯永远也追不上乌龟。

他是这么解释的："当阿基里斯到达乌龟的起跑点时，乌龟已经跑在前面一小段路了，阿基里斯又必须赶过这一小段路，而乌龟又向前跑了。这样，阿基里斯可以无限接近乌龟，但却怎么也追不上它。"

古代的思想家们想尽了一切办法对付芝诺的问题，但是却得不到什么满意的答案，只有到了近代以后，数学家们有了新的方法——极限和微积分——才终于解决了这个 2000 多年前遗留下来的难题。

传奇人物——芝诺

古希腊是哲学的发源地，是柏拉图学院和亚里士多德讲学场所的所在地，那里产生过许多著名的哲学家、思想家。古希腊也因此被称做"西方文明的摇篮"和民主的起源地。公元前 5 世纪—公元前 4 世纪在文化和政治上的成就对欧洲及世界文化产生了重大影响。

◆古希腊文化繁荣，至今仍然可以看到它们的遗迹

芝诺（希腊语：Ζήνων 约公元前 490—公元前 425）生活在古代希腊的埃利亚城邦。他是埃利亚学派的著名哲学家巴门尼德（Parmenides）的学生和朋友。关于他的生平，缺少可靠的文字记载。芝诺常常用归谬法从反面去证明："如果事物是多

先有鸡还是先有蛋——思维的逻辑训练 ‹‹‹‹‹‹‹

数的，将要比是'一'的假设得出更可笑的结果。"他用同样的方法，巧妙地构想出一些关于运动的论点。他的这些议论，就是所谓"芝诺悖论"。

知识书屋——微积分的建立

"芝诺悖论"一直困扰着哲学家和数学家们，但他们又都对芝诺的问题束手无策，这些问题最终诱发了微积分的诞生。

◆艾萨克·牛顿

◆威廉·莱布尼兹

17世纪下半叶，在前人工作的基础上，英国数学家牛顿和德国数学家莱布尼茨分别独自完成了微积分的创立工作。微积分学的创立，极大地推动了数学的发展，过去很多例如芝诺悖论等初等数学束手无策的问题，运用微积分，往往迎刃而解，显示出微积分学的非凡威力。

但由于人们在欣赏微积分的宏伟功效之余，在提出谁是这门学科的创立者的时候，竟然引起了一场轩然大波，造成了欧洲大陆的数学

◆微积分现在已经成为一种非常基础和重要的数学方法，在各个领域中得到广泛应用，也成为许多学科的必修课

家和英国数学家的长期对立。由于民族偏见，关于发明优先权的争论竟从1699

年始延续了100多年。

究竟谁在动——相对运动

芝诺还提出了一个关于运动的问题。他说假设运动场的看台上坐满了人，其中第一排的观众没有动，第二排的观众往右边走动，第三排的观众用同样的速度往左边走动。芝诺然后说，他们最后就不能向中间聚齐。

A A A A
B B B B →
← C C C C

芝诺的话可以用一个图来说明，假设第一排的观众用 A 表示，第二排观众用 B 表示，第三排观众用 C 表示。

芝诺是这么解释的，如果这三排观众向中间聚齐了，就是说三排观众对齐了，那么第二排的观众 B 相对观众 A 走动了两个位置，而第三排的观众 C 相对观众 B 却走动了四个位置。而我们刚才说了观众 B 和观众 C 走动的速度是一样的，那么不就矛盾了？难道说他们就不可能走到中间对齐

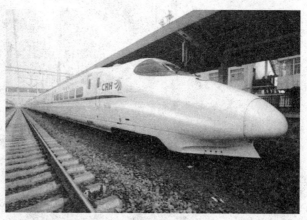

◆在高速行驶的火车里的乘客和火车外的人由于参照系不同，他们对运动与静止的感觉是不一样的

先有鸡还是先有蛋——思维的逻辑训练

了？可是现实中我们一看就知道他们是可以对齐的，为什么呢？

这是一个困扰科学家和数学家几千年的问题，直到后来牛顿提出了参照系和相对运动的原理才解决了芝诺留下的这个问题。

研究和描述物体运动，只有在选定参照系后才能进行。如何选择参照系，必须从具体情况来考虑。例如，

◆相对地球静止的绕地卫星速度都大于 7 公里/秒

一枚星际火箭在刚发射时，科学家主要研究它相对于地面的运动，所以选地球作参照物。但是，当火箭进入绕太阳运行的轨道时，为研究方便，便选太阳作参照系。为研究物体在地面上的运动，选地球作参照系最方便。坐在飞机里的乘客，若以飞机为参照系来看，乘客是静止的；如以地面为参照系来看，乘客是在运动的。因此运动和静止是相对于参照系而言的，而参照系的选择是任意的。

天才的皇冠——菲尔兹奖

◆菲尔兹奖奖章

你一定认为你们的数学老师非常聪明，因为他们会做很多你根本不会的数学题。数学一直以来都被人们冠以智慧皇冠的称号，数学能力是思维水平高低的一个重要标志。人们都相信数学是一门艰深的学科，是专属于那些最聪明的天才们的学科。古希腊的柏拉图在他的学园的门上也写着"不懂几何者不准入门"的话语。

而世界上还有一个专门褒奖数学家的奖项——菲尔兹奖。它被誉为数学领域的诺贝尔奖，只有那些最杰出的天才数学家才能戴上这项"皇冠"。

菲尔兹奖百科

菲尔兹奖（FieldsMedal，全名 The International Medals for Outstanding Discoveriesin Mathematics）是一个国际数学家大会颁发的奖项。每 4 年颁奖一次，它的奖项颁给有卓越贡献的年轻数学家，每次最多 4 人得奖，得奖者须在该年元旦前未满 40 岁。它是据加拿大数学家约翰·查尔斯·菲尔兹（Fields John Charles，1863—1932）的要求设立的。菲尔兹奖被视为数学界的诺贝尔奖。

J.C. 菲尔兹，1863 年 5 月 14 日生于加拿大渥太华。他人生坎坷，11 岁丧父，18 岁丧

◆菲尔兹奖创立者加拿大数学家 J.C. 菲尔兹

先有鸡还是先有蛋——思维的逻辑训练

母，但他 17 岁就考入了多伦多大学数学系，24 岁时就获得了美国约翰·霍普金斯大学的博士学位，26 岁就在美国阿勒格尼大学任教授。他于 1907 年当选为加拿大皇家学会会员，还被选为英国皇家学会、苏联科学院等许多科学团体的成员。

◆瑞士苏黎世：这里风景如画，它是第一届和第九届国际数学家大会召开的地方，也是第一次颁发菲尔兹奖的地方

菲尔兹强烈地主张数学发展应该是国际性的。1924 年他在多伦多召开了国际数学家大会，当他得知这次大会的经费有结余时，他就萌发了把它作为基金设立一个国际数学奖的念头。为此他积极奔走，并打算于 1932 年在苏黎世召开的第九次国际数学家大会上亲自提出建议。但不幸的是未等到大会开幕他就去世了。J. C. 菲尔兹在去世前立下了遗嘱，他把自己留下的遗产加到上述剩余经费中，由多伦多大学数学

◆J. C. 菲尔兹的故乡加拿大多伦多是个气候宜人、风景秀丽的城市

系转交给第九次国际数学家大会筹建数学奖，第九次国际数学家大会立即接受了这一建议。

菲尔兹本来要求奖金不要以个人、国家或机构来命名，而用"国际奖金"的名义，但是，参加国际数学家大会的数学家们为了赞许和缅怀他的才能和他为促进数学事业的交流和发展所表现出的无私奉献的伟大精神，最终一致同意将该奖命名为菲尔兹奖。

天才榜——历届菲尔兹奖获得者

2006 年	Andrei Okounkov（安德烈·欧克恩科夫）、Grigori Perelman（格里高利·佩雷尔曼）、Terence Tao（陶哲轩）、Wendelin Werner（温德林·沃纳）
2002 年	洛朗·拉佛阁、弗拉基米尔·沃沃斯基
1998 年	C. T. 麦克马兰、A. 高尔斯、R. E. 博切尔兹、M. 孔采维奇
1994 年	E. 齐尔曼诺夫、J. C. 约克兹、P. L. 利翁斯、J. 布尔干
1990 年	森重文、F. R. J. 沃恩、E. 威腾、V. 德里费尔德
1986 年	M. 弗里德曼、G. 法尔廷斯、S. 唐纳森
1982 年	丘成桐、W. 瑟斯顿、A. 孔涅
1978 年	C. 费弗曼、G. A. 马古利斯、D. 奎伦、D. 德利涅
1974 年	D. B. 芒福德、E. 邦别里
1970 年	J. G. 汤普森、S. P. 诺维科夫、广中平佑、A. 贝克
1966 年	M. F. 阿蒂亚、S. 斯梅尔、A. 格罗腾迪克、P. J. 科恩
1962 年	J. W. 米尔诺、L. V. 赫尔曼德尔
1958 年	R. 托姆、K. F. 罗斯
1954 年	J. P. 塞尔、小平邦彦
1950 年	A. 塞尔伯格、L. 施瓦尔茨
1936 年	J. 道格拉斯、L. V. 阿尔福斯

从 1936 年开始到 2006 年获菲尔兹奖的已有 48 人，他们都是数学天空中升起的灿烂明星，是数学界的精英，为数学发展和人类进步作出了巨大贡献。

名人介绍——丘成桐

丘成桐是中国现代著名的数学家。原籍广东蕉岭，1949 年 4 月 4 日生于广东汕头，后随全家移居香港。他早年丧父，家境贫寒，但母亲克服种种困难供其上学。他于 1966 年考入香港中文大学数学系，后被美国伯克利加州大学陈省身教授相中，被破格录取为研究生。他在 1971年获博士学位后在纽约州立大学、斯坦福大学等校任教，并被聘为普林斯顿高级研究所终身教授，现在圣地亚哥加州大学任教。

◆我国著名数学家丘成桐（1949— ）

早在 1982 年，他就获得 40 岁以下数学家最高奖——国际数学联盟菲尔兹奖，而沃尔夫数学奖则被视为终身成就的象征。

沃尔夫奖表彰他在几何分析领域的贡献在几何和物理的多个领域都产生了"深刻而引人注目的影响"。2010 年沃尔夫奖颁奖典礼在耶路撒冷举行，丘成桐与美国数学家丹尼斯·沙利文分享这笔 10 万美元的奖金。至此，丘成桐已经囊括数学界两大最高奖项。

丘成桐已经囊括菲尔兹奖、沃尔夫奖、克莱福特奖这三个世界顶级大奖，历史上仅有两位数学家囊括这三大奖项，另一位是比利时数学家德利涅。

思维与存在的统一——心灵哲学

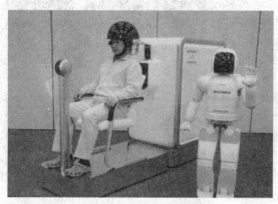

◆心灵哲学家们一直致力于研究思维与存在的关系，现代的发达的电子技术大大便利了他们的研究

现在有一门学问叫心灵哲学（The philosophy of mind）。它提出的问题是：事物都有物理的部分，但这众多的物理部分是如何统合的？例如当我在阅读时，眼睛在由左至右看，手指在翻动纸张，大脑在使用能量，血液在输送氧，肺部在呼吸，神经在细胞与大脑之间传送信息，这一切都是物理的部分，但这一切物理的部分是如何统合成为一次阅读的经验呢？身体死亡之后，我是否仍然存在呢？心灵与我的大脑是否是同一样的东西？现代科技创造人工智能可能吗？

以上这些问题都是心灵哲学讨论的问题，它们涉及到生物学、心理学、社会学、计算机科技等领域，但最主要是这些科目如何与心灵有关系。这些问题中最基本的一个是，心灵与我们身体的关系是怎样的。

心物何为先？

西方哲学处理这个问题时有两个方向，一个是偏向肯定身体与行为的物理主义与行为主义；另一个方向是偏向肯定心灵的理想主义或观念论。当然，还有很多的哲学家是兼论两者的二元论者。

先说物理主义。物理主义者认为只有身体和行为才是最真实的，思想

先有鸡还是先有蛋——思维的逻辑训练

与情感等东西都是由物理性质的身体所形成，如大脑的电子脉冲，肌肉的化学反应等物理现象会形成我们的各种思考和情感反应。他们提出两个实例证明这种观点：一是用电流刺激大脑，电流对人的性情会有所影响，现代医学上就有用这个方法来医治一些情绪低落的病人的。另一个例子是一个大脑严重受损的人，受损前后是完全不同的两种模样，受损后甚至是否可被称为一个人也有问题。

◆桌子这个物体在先还是我们关于桌子的概念在先？

哲学家笛卡尔的看法

◆如果人的肉体就是机器，那将来的机器人也是否也会有像人一样的心灵一直是人们最为关心的问题

法国哲学家勒奈·笛卡尔（Rene Descartes，1596—1620）是心灵哲学的先驱，他的思想大致可以从三个方面概括：自我意识、心物二元论、人与机器。

自我意识。笛卡尔对哲学的思考就是以他对世界的"怀疑"开始的。他的形而上学的沉思的"第一沉思"就是普遍的怀疑。我在怀疑，这也是在说，我在思考。既然我在思考，那么就必须也肯定我是存在的，不然就不可能有

我在思考。在他看来，"我思"必然依附一个主体，那就是我。但他认为，物质和心灵无论从哪个层面上来看都不可能还原为对方，因此，它们具有不可还原性。物质和心灵具有绝对的区别，进而，他就提出了人是由心灵

和物质组成的心物二元论的思想。

笛卡尔是"人是机器说"的坚决反对者。他认为人不是机器，动物才是机器，因为人和动物的身体是物质的不同形态，所以它们也服从物质的普遍规律。他同意将动物和人的肉体看做机器。但是，一旦超出了肉体和物质的范围，进入精神的层面，就不能将动物和人同等对待。

人造超人

——思维与超级大脑

　　2010 年美国的电影《阿凡达》大大火了一把，看了电影之后很多人都有一个疑问，人类真的能够创造"阿凡达"吗？要真能那样，世界又会变成什么样子呢？

　　人类现在还没有创造"阿凡达"，那我们是不是可以用一些新技术来改造我们自己呢？我们是不是可以发明一种药物，让我们的大脑体积、思维能力、想象能力都翻倍呢？或者在大脑里植入一块芯片，可以通过数据传输瞬间记下无数本书籍的内容，那岂不是很省事？想要知道更多，我们得先来了解一下神经系统的秘密。

激发大脑潜能——智力开发游戏

人的大脑有很大的潜力，一般人只用到了大脑潜力的1％。不但这样，人的大脑还可以通过后天的训练而变得比以前更加强大。如果你长时间不用脑，不但不会让脑得到充分的休息，相反，大脑还会因为没有得到充分的锻炼而萎缩，这下你就知道爸爸妈妈为什么会在孩子很小的时候就买很多开发智力的玩具培养他们的智力，也知道为什么老师说人的脑子越用越灵光了吧。

要想拥有一个聪明的头脑，当然首先要有一个健康的大脑。让我们先来认识一下我们神奇的大脑，然后再来开发大脑的神秘潜能。首先，让我们从一些游戏开始。

小故事——钢琴家的右脑

我们知道钢琴演奏家需要有十分精细地控制左手指的能力，而前面我们讲过，在人的大脑皮层里有一块区域是专门控制手的运动的。在一次对一位钢琴演奏家的大脑的扫描中，发现控制钢琴演奏家左手指的大脑皮层明显增大，而右手指由于在钢琴演奏中不要太多感觉作用，控制它的大脑

皮层没有明显增大。

世界三大智力游戏

匈牙利人发明的"魔方"与中国人发明的"华容道"、法国人发明的"独立钻石"一起被称为智力游戏界的三大不可思议。它们在全世界奇迹般地流行，下面我们来认识一下这三种游戏。

魔　方

◆各式各样的魔方

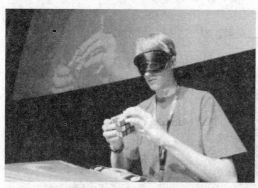
◆一些玩魔方的高手蒙着眼睛也能玩魔方

魔方又叫魔术方块，也称鲁比克方块。它是匈牙利布达佩斯建筑学院厄尔诺·鲁比克（匈牙利文：Ernő Rubik，1944年7月13日—）教授在1974年发明的。魔方是由硬塑料制成的6面正方体。当初鲁比克教授发明魔方，仅仅是作为一种帮助学生增强空间思维能力的教学工具。但后来当魔方在手时，他才发现如何把混乱的颜色方块复原是个有趣而且困难的问题。鲁比克就决心大量生产这种玩具。魔方问世后不久就风靡世界，人们对这个小方块组成的玩具爱不释手。

魔方的核心是一个轴，魔方由26个小正方体组成，它的中心有6个方块，固定不动，只一面有颜色；边角方块有 8 个，可转动；边缘方块有 12 个，也可转动。魔方在出售时，它的每一面都具有相同的颜色，可当转动魔方后，其相邻的各面单一颜色便被破坏，而不同的转动方向会形成新的图案。据专家估计，所有可能的图案构成约为 4.3×10^{19} 种。玩法是将打乱颜色的立方体通过转动恢复成六面成单一颜色。

魔方品种较多，平常说的都是最常见的三阶魔方。其实，也有二阶、四阶、五阶等各种立方体魔方，甚至据称有 12 阶的魔方。随着魔方种类的不断增多，与魔方有关的竞技也就层出不穷。魔方现在已经不仅仅作为一个玩具出现，而成为了一项新兴的科技活动项目！

华容道

华容道，古老的中国游戏，以其变化多端、百玩不厌的特点受人喜爱。华容道游戏取自著名的三国故事，曹操在赤壁大战中被刘备与孙权联军打败，狼狈败退到一个被叫做华容道的地方。偏偏又在这个地方遇上了诸葛亮派去的伏兵，伏兵的首领关羽为了报答曹操对他的恩情，明逼实让，放过了曹操。

游戏就是依照"曹瞒兵败走华容，正与关公狭路逢。只为当初恩义重，放开金锁走蛟龙"这一故事情节设计的。玩家通过移动棋盘上的各个棋子，帮助曹操从初始位置移到棋盘最下方中部，从出口逃

◆华容道棋盘

走。玩家不允许跨越棋子，还要设法用最少的步数把曹操移到出口。曹操逃出华容道的最大障碍是关羽。关羽与曹操是解开这一游戏的关键。四个小兵是最灵活的，也最容易对付，如何发挥他们的作用对于帮助曹操逃难也有重要作用。

独立钻石棋

◆一种便携式的单身贵族棋棋盘

独立钻石棋，也叫单身贵族棋。独立钻石棋源于 18 世纪法国的宫廷贵族，是另一种锻炼逻辑思维能力的游戏。在距今大约两百多年前，法国大革命前夕，著名的巴士底狱关着一位贵族，他独自一个人关在监狱的一个房间里，为了打发时间，就设计了这种能够自己一个人玩的游戏。这位贵族囚犯，每日沉迷于自己发明的游戏，后来更是在整个巴士底狱盛行，公元 1789 年 7 月 14 日，巴黎人民武装起义，攻破巴士底狱，而使得这个游戏在社会各阶层流传开来。

　　游戏玩法类似中国跳棋，但不同的是只能跳，不能走步，棋子还能跳过相邻的柜子到空位上并且把被跳过的柜子吃掉。棋子可以沿格线横、纵方向跳，但是不能斜跳，剩下的棋子越少越好。

　　游戏级别：

最后剩下 6 只或以上棋子是"一般"；

最后剩下 5 只棋子是"颇好"；

剩下 4 只棋子是"很好"；

剩下 3 只棋子是"聪明"；

剩下 2 只棋子是"尖子"；

剩下 1 只棋子是"大师"；

最后剩下 1 只，而且在正中央是"天才"。

人造超人——思维与超级大脑

点击——小鼠的脑

　　科学家们为了验证生活经历对脑的影响，他们用小白鼠做了一个有趣的实验。他们把小白鼠分别饲养在两种环境中。第一组小白鼠饲养在一个小笼子里，除了食物和水没有什么玩具。而第二组小白鼠饲养在宽大的笼子里，而且放了许多只，实验人员每天轮流往里面放许多玩具让它们玩耍。

　　几个月后，实验人员检查生活在两种环境下的小白鼠的大脑，发现差异十分显著。生活在条件优越中的第二组小白鼠的大脑皮层重量和厚度都大于生活在恶劣生活环境中的第一组小白鼠。虽然这是在小白鼠身上进行的实验，但科学家们相信，这一结果是可以很好地应用到人类的。

从头到脚——神经系统

◆人的灵魂是由天使掌控的吗?

人是一种奇妙的动物。当我们放眼世界,看到路上奔驰的汽车、天上翱翔的飞机、图书馆里汗牛充栋的著作、城市里数不尽的高楼大厦时,我们就要感叹人为什么能做这么多不可思议的事情,而猩猩猴子却不能呢?

古代的人们认为天上有神仙,地下有鬼魂,人有灵魂。人之所以能做那么多不可思议的事情就是因为人有灵魂,每个灵魂都有一个天使守护着,人死了,灵魂却还活着。如果人以前做了善事,死后灵魂就会随天使一起进入天堂。古代的人们对这一点深信不疑,因为他们不知道神经系统的知识。

现代的我们已经具备了丰富的知识,不再像古人们那样用灵魂来解释人的活动了。那么这一节我们就来认识一下我们思维的生理基础——神经系统。

神经病与精神病

生活中,我们经常听到有人开玩笑或者骂别人是神经病,而我们还听说有一种疾病叫精神病,它们之间有什么区别和联系呢?

一个小孩在幼年的时候患了脑膜炎却没有及时治疗,从此以后就再也不能像其他小孩子一样玩耍和学习了,成了一个低能儿。一位妇女的头颅内长了肿瘤,肿瘤压迫大脑,结果使妇女双眼失明。许多医院开设了精神病门诊,去诊断和治疗的人用仪器检查却没有什么疾病,这是为什么呢?

人造超人——思维与超级大脑

是仪器不够先进还是其他原因呢？而这种问题的解决则要大大归功于心理学家，德国著名心理学家西格蒙德·弗洛伊德（Sigmund Freud，1856－1939）就是其中的佼佼者。

在日常生活中，人们开玩笑或者骂人时经常使用"神经病"这个词，其实，人们想表达的内容主要是"精神病"方面的涵义。一般的人不大清楚神经病和精神病两者之间到底有何关系，有时甚至以为它们是一回事。其实，这两个概念有很大的区别。

神经病指神经系统发生的器质性疾病。根据神经所在的位置和功能不同，可以把神经系统分为中枢神经系统和周围神经系统。根据神经所支配的对象的不同，又可以把神经系统分为躯体神经和内脏神经。神经病的主要特征是神经有器质性的病变，能够用医学设备检测出来。

精神病指严重的心理障碍，患者的认知、情感、意志等心理活动均可出现持久的明显的异常，他们不能正常地学习、工作、生活，动作行为难以被一般人理解，显得古怪、与众不同。德国著名的心理学家弗洛伊德就是研究精神病的先驱，在这个方面作出了杰出的贡献，为后世的精神病诊断和治疗都留下了宝贵的经验。

◆原本是一名精神病医生的德国心理学家西格蒙德·弗洛伊德

◆弗洛伊德认为出现在我们梦中的这样的奇异场景与我们的经验和愿望有关，并不是什么神启或者暗示

神经和精神的关系一直让人们充满兴趣，但是迄今为止它们之间的关系却并不是十分明朗，这还要靠大家努力学习，将来在这方面能作出进一步贡献哦！

知识窗

梦的解析

梦的解析（德语：Die Traumdeutung）又叫做《释梦》，是西格蒙德·弗洛伊德的一本著作。这本书开创了弗洛伊德的"梦的解析"理论，被作者本人描述为"理解潜意识心理过程的捷径"。该书引入了本我概念，描述了弗洛伊德的潜意识理论，为研究人的意识和行为开创了道路。美国唐斯博士把它列为"改变历史的书"、"划时代的不朽巨著"之一。

神经系统

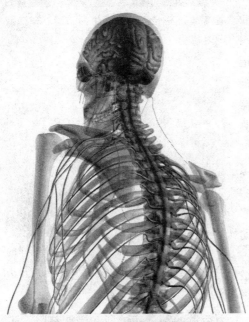

◆科学家绘制的人体神经系统结构图

大脑和脊髓通过周围神经与人体其他各个器官、系统发生极其广泛复杂的联系，共同组成了神经系统。神经系统在维持机体内环境稳定，保持身体协调性等各种人类活动中发挥着极其重要的作用。在社会劳动中，人类的大脑皮层得到了不断的发展和完善，产生了语言、思维、学习、记忆等高级功能活动，使人不仅能适应环境的变化，而且能认识和主动改造环境。这就是我们能造飞机、汽车，建高楼大厦的原因。

TOUNAO DE MOGUI XUNLIAN
YU SIWEI KUANGHUAN

人造超人——思维与超级大脑

人体各器官、系统的功能都是直接或间接处于神经系统的调节控制之下，神经系统是体内起主导作用的调节系统。人体是一个复杂的机体，各器官、系统的功能不是孤立的，它们之间互相联系、互相制约；同时，人体生活在经常变化的环境中，环境的变化随时影响着体内的各种功能。这就需要对体内各种功能不断作出迅速而完善的调节，使机体适应内外环境的变化。实现这一调节功能的系统主要就是神经系统。

名人介绍——巴甫洛夫

◆伊万·巴甫洛用狗做条件反射实验

◆像小白鼠这样的各种各样的实验动物为我们人类的科学研究作出了巨大的贡献，我们应该感激它们为我们人类作的贡献

伊万·巴甫洛夫（俄语：Иван Петрович Павлов，1849—1936）俄国著名生物学家。巴甫洛夫1870年在圣彼得堡大学学习动物生理学，1875年转入军事医学院学习，1883年获医学博士学位。1904年因消化腺生理学研究的卓越贡献而获得诺贝尔奖。他又是用条件反射方法对动物和人的高级神经活动进行客观实验研究的创始人，也是现代唯物主义高级神经活动学说的创立者。巴甫洛夫从1903年起连续30年运用"条件反射"方法研究了动物的行为、心理活动，并提出了人有第一和第二两个信号系统的思想，认为人除了有第一信号系统——对外部世界的映象产生直接反映之外，还有第二信号系统，即引起人的高级神经活动发生重大变化的语言和符号反映功能。由此建立了高级神经活动的新学说。

在临终前的病中，巴甫洛夫还时刻不忘观察和记录自己的病情，正如他自

◆后人为纪念巴甫洛夫而立的雕塑

己所说:"就是死也要死得像个科学家。"巴甫洛夫逝世后,苏联政府在他的故乡梁赞建造了巴甫洛夫纪念馆,并竖立了纪念碑。巴甫洛夫及其学说永远留在全世界人民的心中。

思维司令部——大脑

无论是小学生做 $1+1=2$ 这样的数学题，还是市场里卖水果的阿姨算 2 块钱一斤的苹果三斤半是多少钱；无论是科学家设计火箭，还是小朋友做一个机器人模型；无论是电视里的主持人播报新闻，还是小学生朗读李白的诗歌……所有人类的一切活动，都直接或间接地听命于大脑，因此说大脑就是人的思维和活动的司令部一点

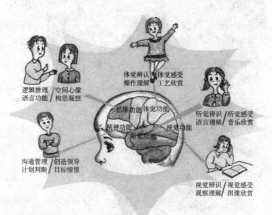

◆大脑还有许多未解之谜，这是我们已经知道的大脑功能划分区域

也不为过。那么我们的大脑究竟是怎样工作的？它又有怎么样的结构？它都控制我们人的哪些思维和活动？这些东西我们都将在下面细细探讨。

大脑与心

现代的人们知道大脑是思维的司令部，心脏是血流的泵站，但是古人却不是这么看的。

古代的人们认为心才是思考的地方，也就是心是灵魂的家。因此我们翻开书本才发现有那么多把心和思维、灵魂连接起来的词语——心灵、心思、心情、心慌意乱、随心所欲等等。前面我们学习了神经系统，知道了原来人的思维和活动都是由神经系统支配的，而神经系统的最高司令部就是大脑。也就是说，我们以后一定要记得思维活动都是在大脑里进行的，而不是在心里进行的，而我们现在仍然沿用古人的用法只是习惯而已。

大脑探秘

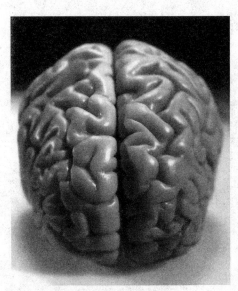

◆生物学家制作的人的大脑模型

大脑是人的神经系统的主要部分，由左右两半球组成，它是控制运动、产生感觉及其他功能的高级神经中枢。大脑分为左右两个半球，又分别有大脑皮层和基底核两部分。大脑皮层是被覆在端脑表面的灰质，主要由神经元的胞体构成。皮层的深部由神经纤维形成的髓质或白质构成。

大脑由约 140 亿个细胞构成，重约 1400 克，大脑皮层厚度约为 2~3 毫米，总面积约为 2200 平方厘米，据估计脑细胞每天要死亡约 10 万个（越不用脑，脑细胞死亡越多）。据估算，一个人的脑储存信息的容量相当于 1 万个藏书为 1000 万册的图书馆。人脑中的主要成分是水，占 80%。它虽只占人体重量的 2%，但耗氧量却达到全身耗氧量的 25%；血流量占心脏输出血量的 15%，一天内流经大脑的血液为 2000 升。大脑消耗的能量若用电功率表示却仅仅只有 25 瓦。

因为人脑中有 80% 是水，所以它就有些像豆腐。但是它不是方的，而是圆的；也不是白的而是淡粉色的。大脑半球表面凹凸不平，布满深浅不同的沟和裂，沟裂之间的隆起称为脑回。控制人类的语言、运动、思维的各种司令部就是分散在大脑皮层上的。

左右大脑半球

我们已经知道了大脑由左右两个半球组成，下面的表格详细地介绍了大脑左右半球的分工。

大脑左半球的功能	大脑右半球的功能
控制身体右侧	控制身体左侧
以序列的和分析的方式对输入的信息进行加工	以整体的和抽象的方式对输入的信息进行加工
时间知觉	空间知觉
产生口语	通过姿势、面部表情、情绪和肢体语言表达感情
执行不变的算数的操作	执行推理的和数学的操作
积极构造虚假的记忆	根据事实回忆
对事情为什么发生寻找假设	将事情放置于空间模式中
善于引发注意以应对外部刺激	善于内部加工处理

科学用脑

大脑是人体进行思维活动最精密的器官。养生首先要健脑，要防止脑功能衰退，最好的办法是勤于用脑。而懒于用脑者，久而久之就会出现脑功能衰退。

"用进废退"是自然界的普遍法则。实践证明，人越勤于用脑，大脑各种神经细胞之间的联系越多，形成的条件反射也越多。古代著名历史学家司马迁就说过："精

◆中医认为核桃、花生、开心果、腰果、松子、杏仁、大豆等干果类食品是极佳的护脑食物

神不用则废，用之则振，振则生，生则足。"明代的高濂也曾在《遵生八笺》一书中指出："精神不运则愚，血脉不运则病。"意思是说大脑不经常运用就会愚蠢，血脉不运行或运行不畅则会生病。医学研究证明，人类在生活中勤于用脑可以刺激脑细胞再生，起到延缓大脑衰老的作用。但大脑又不宜过度使用，要注意合理用脑，保持生活有规律。

有人认为，凡出现如下情况就不可继续用脑：

（1）头昏眼花，听力下降，耳壳发热；

（2）四肢乏力，打呵欠，嗜睡或瞌睡；

（3）注意力不集中，记忆力下降；

（4）思维不敏捷，反应迟钝；

（5）食欲下降，出现恶心、呕吐现象；

（6）出现性格改变，如烦躁、郁闷不语、忧郁等现象；

（7）看书时，看了一大段，却不明白其中的意思；

（8）写文章时，掉字、重复率增多。

这些都是用脑过度的信号，遇有以上情况，人们可以闭目养神或眺望远景，也可以做做深呼吸或到户外散步休息。另外，经常用脑的人还可以食用一些健脑食物。比如核桃、龙眼、蜂蜜等都富含大脑需要的营养物质，多吃这些食物对于大脑有很大的好处。

但大脑不可多"休息"。美国加州大学的生物学家在大脑功能研究中发现，虽然从事脑力劳动的人在工作时会消耗大量脑细胞，但是从脑细胞的总体衰亡数量来看，他们与从事单纯体力劳动者并没有太大的差别。这是因为大脑中新生的脑细胞如果不能很快得到使用，它们就会迅速衰亡。也就是说"静止"的脑细胞，寿命大大短于思维活动的脑细胞。科学家指出，大脑的"休息"应该借助足够的睡眠和营养补充来完成，用"避免动脑"的方法来"健脑"是不可取的。

◆要科学用脑，才能让我们的大脑处于最佳状态

"不可能错过你"——"捕捉"脑电波

人身上都有磁场，但人在使用大脑的时候，大脑的磁场会发生改变，形成一种生物电流通过磁场，而我们就把它定位为"脑电波"。生物电现象是生命活动的基本特征之一，各种生物均有电活动的表现，大如鲸鱼，小到细菌，都有或强或弱的生物电。

◆医生正准备用先进的设备对患者进行脑电波检查

人体也同样广泛地存在着生物电现象，因为人体的各个组织器官都是由细胞组成的。对脑来说，脑细胞就是脑内一个个"微小的发电站"。通过能量守恒，我们越是思考，形成的电波也就越强。

我们的大脑无时无刻不在产生脑电波。早在 1875 年，英国的一位青年生理科学工作者卡通（R. Caton）在兔脑和猴脑上记录到了脑电活动，并发表了"脑灰质电现象的研究"论文，但当时并没有引起重视。15 年后，贝克（A. Beck）再一次发表脑电波的论

◆第一次真正记录到了人脑脑电波的贝格尔

文，才掀起研究脑电现象的热潮，直至 1924 年德国的精神病学家贝格尔（H. Berger）才真正地记录到了人脑的电波，从此诞生了人的脑电图。

脑电波或脑电图是一种比较敏感的客观指标，不仅可以用于脑科学的基础理论研究，而且更重要的意义在于它在临床实践中的应用。脑电波与人类的生命健康息息相关。

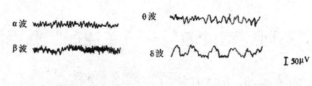

α波   θ波

β波   δ波

I 50μV

α波阻断   α波校形

睁眼   闭眼   1S

◆ 正常脑电波的各种波形

探讨——手机辐射与脑健康

◆ 有科学家认为长期使用手机会增加脑部疾病患病的风险

关于手机是否会引起脑癌，这是一个值得深究的问题。手机会释放出一种称做射频能的低能辐射。迄今为止，世上尚没有一种物质与癌症的关系比辐射更密切。因此情况很有可能是这样的：手机在像蝗虫一样泛滥成灾的同时，在全国范围内脑癌的发生率也可能轻微升高。

那么手机与脑癌究竟有何关系呢？在现实生活中，手机释放的辐射与我们常规暴露的强大的电离辐射，如医用X线检查大不相同，其危害更小。手机的辐射具有低剂量、长时间的特点，与烹饪用的微波炉（目前看来，微波炉是安全的）类似。所以现在的根本问题是，集中在耳朵边的小剂量辐射如果持续存在较长时间，是否会对大脑造成损害。

2000年，美国立癌症研究所对近800名脑部肿瘤患者进行了观察，结果发现他们使用手机的时间并不比另一组健康人多。其中使用手机最多的人罹患脑癌的比例并无增加，同时肿瘤的部位也与习惯于在哪侧打电话无关。美国FDA负责管理特定电子产品释放的辐射，他们指出，尚无科学证据说明手机和健康状况间有关。另一个组织在对相关证据进行回顾以后，也得出了类似的结论。

有人调侃说，目前看来，使用手机最危险的举动莫过于一边开车，一边煲电话粥。

思维驿站——神经元和信息传导

我们先前学习了神经系统和大脑的大体结构，但是我们还不知道当手被火烧时如何被大脑感觉到，然后被命令缩回来；也不明白眼睛看到的东西是如何被大脑知道的；耳朵听到的声音是如何被大脑感受到的。这些事件的发生都需要传递很多信息到大脑，那么就需要许多信息传递员了。这些信息传递员就像古代的驿站，负责把信息一站一站地传递下去。那我们体内的信息传递员是谁呢？

◆神经元

早期生理学家的主要研究目标是更好理解神经系统如何工作。现代神经科学家已逼近这一目标，但是它们仍在努力，力求揭开神经系统之谜。在这一部分，我们以讨论神经元开始，它是神经系统的基本单位。

什么是神经元？

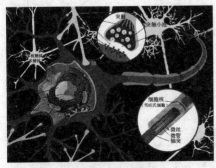

◆生物学家绘制的神经元结构图

神经元，又称神经组织，是构成神经系统结构和功能的基本单位。神经元是具有长突起的细胞，它由细胞体和细胞突起构成。细胞体位于脑、脊髓和神经节中，细胞突起可延伸至全身各器官和组织中。细胞体是细胞含核的部分，其形状大小有很大差别，直径约4～120微米。核大而圆，位于细胞中央，染色质少，核仁明显。细胞质内有斑块状的核外染色质，还有许多神经元纤维。细胞突起是由细胞体延伸出来的细长部分，又可分为树突和轴突。每个神经元可以有一个或多个树突，可以接受刺激并将兴奋传入细胞体。每个神经元只有一个轴突，可以把兴奋从细胞体传送到另一个神经元或其他组织，如肌肉或腺体。

根据细胞体发出突起的多少，从形态上可以把神经元分为假单极神经元、双极神经元和多极神经元三种类型。

点击——神经元的动作电位

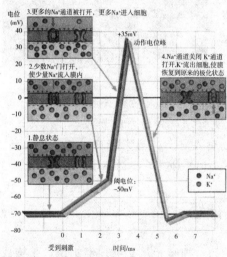

◆动作电位变化示意图

神经元是一个一个的小发电机，神经元自身传递信息就是靠动作电位的变化来进行的。

动作电位的形成机制牵涉到复杂的生物化学知识，理解起来非常困难，但我们可以简单地这么说：神经元的细胞膜上有许多门，膜外面有许多穿红衣服的小朋友，门里面有许多穿白衣服的小朋友。当没有信息来的时候门是紧闭的，外面的小朋友进不来，里面的小朋友出不去；当信息传来的时候门就开了，门外的小朋友就往里面跑，里面的小朋友就往外面跑。在这样的过程中，信息就从神经元的一端传

递到另一端了，也就产生了动作电位。

神经元之间的交接——突触的结构和功能

突触（synapse）是两个神经元之间或神经元与细胞之间相互接触并借以传递信息的部位。synapse 一词首先由英国神经生理学家 C.S. 谢灵顿（Charles Scott Sherrington，1857—1952）于 1897 年研究脊髓反射时引入

生理学，用以表示中枢神经系统神经元之间相互接触并实现功能联系的部位。而后，它被推广用来表示神经与效应器细胞间的功能关系部位。

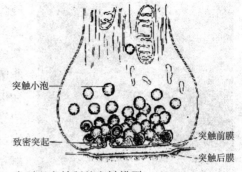

突触小泡
致密突起
突触前膜
突触后膜

◆科学家绘制的突触模型

当轴突末梢与另一神经元的树突或胞体形成化学突触时，往往先在一端形成膨大结构，称突触扣。突触扣内可见数量众多的直径在30～150纳米的球形小泡，称突触泡，还有较多的线粒体。递质贮存于突触泡内。有些突触扣含有直径80～150纳米的带芯突触泡和一些电子密度不同的较小突触泡，这些突触泡可能含有多肽。那些以生物胺为递质的突触内也含有不同电子密度的或大或小的突触泡。

当心——神经毒素与生活

神经毒素又称神经毒，是对神经组织有毒性或破坏性的内毒素，可使周围神经的髓鞘、脑、脊髓及其他神经组织产生脂肪性变化，从而丧失功能。神经毒素多为天然存在，如蛇毒、蝎毒、蜂毒等动物毒素。

◆河豚虽然美味，但它们的内脏里却有许多致命毒素

神经毒素进入人体一般发病快，危害严重，如人中海葵类毒素后一般在36小时内发病。患者表现为口四周、手脚麻木，反应迟钝，痉挛抽搐，呼吸困难；皮肤和眼睛有灼热感，骨骼和关节疼痛；浑身无力，流涎，吞咽困难，腹部发胀，恶心呕吐，腹痛腹泻；尿急，痛性尿淋沥；心率失常，头疼，盗汗甚至虚脱，眩晕焦虑或失去知觉。严重者死亡。

许多人喜欢河豚的美味，但是吃河豚确实一件很危险的事。河豚又名

◆鲜艳的蘑菇往往含有神经毒素

鲀鱼、汽泡鱼、鲅等，产于我国沿海等地。河豚种类很多，肉味鲜美，但它的某些脏器及组织中均含有毒素。河豚毒非常稳定，经炒煮、盐腌和日晒等均不会被破坏。河豚毒素主要使神经中枢和神经末梢发生麻痹：先是感觉神经麻痹，其次是运动神经麻痹，最后呼吸中枢和血管神经中枢麻痹，出现感觉障碍、瘫痪、呼吸衰竭等症状，如不积极救治，易导致死亡。

还有人喜欢去野外采摘蘑菇做美味菜肴，殊不知，许多蘑菇却是毒蘑菇，尤其是一些颜色鲜艳的蘑菇。误食毒蘑菇后，常出现恶心、呕吐、腹痛、腹泻等症状，严重者会休克、昏迷，还可能出现多汗、流涎、瞳孔缩小等症状，严重者出现精神错乱、幻觉、昏迷甚至因呼吸抑制而死亡。

秘境追踪——大脑的记忆与搜索

大脑可以说是人体内最神奇的结构了。大脑的容量可谓惊人，吉尼斯世界纪录中记纸牌记得最多的是一名英国人，他只需看一眼就能记住54副洗过的扑克牌（共计2808张牌）。20世纪20年代，亚历山大·艾特肯（Alexander Aitken）能记住圆周率小数点后1000位数字，但这一纪录在1981年被一位印度记忆大师打破，他能记住小数点后31811位数字；这一纪录后来又被一位日本记忆大师打破，他能记住小数点后42905位数字！

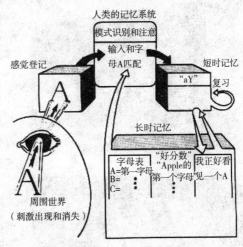

◆科学家描绘的人类记忆的多存储模型

知识"热身"——不可思议的大脑

人的大脑有100多亿个神经细胞，每天能记录生活中大约8600万条信息。据估计，人的一生大脑能储存100万亿条信息。但如果将大脑耗能转换成电能，却仅相当于一只25瓦的灯泡。人体感官得到的信息仅有1％的信息是要大脑来处理的，其余99％都被筛去了。大脑中神经冲动传导速度可达400多公里/小时。

据称人脑的功能被开发利用的仅占1/10。人脑可以储存的各种信息相当于1万个藏书为1000万册的图书馆，即5亿本书的知识。人的大脑每天可处理8600万条信息，其强大的记忆功能理论上强过世界上任何一台电子计算机。

TOUNAO DE MOGUI XUNLIAN
YU SIWEI KUANGHUAN
头脑的魔鬼训练与思维狂欢

　　怎么样？通过学习，你对我们的大脑更感兴趣了吧？虽然你也许无法达到前面那些人的惊人的记忆力，但你可以用与这些记忆大师们一样的方法来改进和提升你大脑的记忆力。

对比——电脑和人脑

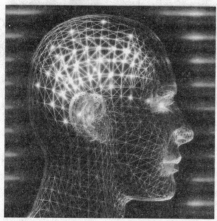

◆电脑和人脑的对比和联系是当今研究的热点

　　当我们比较电脑和人脑时，电脑似乎总是占上风的。我们经常依靠电脑来记住我们不容易记住的东西，尤其是一些复杂而难以记住的数据。但是，人类从记忆寻找特定信息的能力和效率却都要比电脑强得多。正是由于人类的这个特征才使得人脑优于任何一台电脑。

　　例如，当老师问你春节这个概念时，你马上就能回答一个可能正确或者错误的答案，甚至会干脆说不知道。但是不管怎样，你回答的答案总是与老师提出的问题是相关的。而当你在网上搜索老师提出的问题时，搜索到的可能却是一些卖东西的网站，甚至许多网站卖的东西与春节一点关系都没有。为什么搜索引擎的搜索结果会与人脑记忆的结果不同呢？科学家认为有这么两个方面：

　　人类的记忆可以有效地利用上下文线索来帮助搜索信息，这使得你从大脑里提取的信息与老师提的问题紧密相关。而搜索引擎只能单纯地搜索"春节"两个字而不会联系到上下文。所以，至少在这一点上大脑还是优于电脑的。

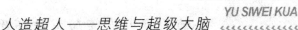

短时记忆与长时记忆

我们经常有这种感觉，一些记忆只能保存很短的时间，一会儿之后就忘记了。例如在家里用座机给朋友打电话，我们从一本电话薄中找到那个朋友的电话号码，记着这个号码然后拨电话。如果电话是忙音，没有接通，一会儿之后我们就忘了刚才拨打的那个电话号码，再想打电话时又要重新去查电话薄。

◆对于许多经历过汶川地震的人来说，地震给他们造成的记忆和伤痛是一辈子都无法摆脱的

而一些记忆却能保存很长时间。例如美国的一位经历了1906年旧金山地震的妇女在90年后还能准确地回忆说，地震后她和其他的孩子到海湾去取水，然后将一些大麻袋浸湿。她的父亲再把这些浸湿的麻袋盖到她们家的屋顶上救火。几十年的经历都不能让她忘记作为一个小女孩看着自己的家被夷为平地所感到的恐惧和激动。

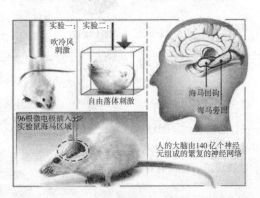

◆华东师范大学携手波士顿大学首次破译大脑记忆密码

前面讲过的第一种记忆被心理学家们称为短时记忆。心理学家们发现它具有这样的特点：①短时记忆的容量很有限；②短时记忆的保持时间在得不到加强的情况下只能保留5～20秒，最长也不超过1分钟；③短时记忆通过重复和加强就能转变为长时记忆。

第二种记忆被称为长时记忆。长时记忆是指永久性的信息存贮，一般能保持多年甚至终身。它主要通过短时记忆进行加强和重复而得到，但有时也可能由于印象深刻就能一次形成。长时记忆以特有的组织和形式被贮存起来，它的容量似乎是无限的。那位经历过地震的老太太的记忆就属于这种长时记忆。

学以致用

red　black　purple

strawberry　apple　melon

cat　bird　chicken

◆通过组合和归类可以让令人头疼的英语单词变得有趣和易于记忆

你是不是经常在学习中为要死记硬背很多东西而感到苦恼不堪呢？而你看到有的同学记一些东西轻松自如而自己却怎么也记不住呢？这只是因为你没有掌握合适的方法。

心理学家们提出了一个叫做"组块记忆"的方法。组块能将短时记忆有效地组织成相对比较大的单位，便于将它们储存于大脑中，便于将它们储存在长时记忆中，就如我们用线把珠子串起来一样。因此，在很大程度上，你能否有效地运用组块的记忆策略，取决于长时记忆中的知识积累和知识面。下面我们以记忆英语单词为例来介绍组块记忆。

字母组合和读音规则

英语中绝大多数单词中字母组合的读音都是有规则的。你可以把这些组合字母的读音规则当做它的声音标识或符号，一听到某个发音，就会帮助你回忆起相应的字母组合来。

构词法

在英语学习过程中，我们可以利用英语单词的构词特点，找出生词中的词根、词缀，挖掘生词与旧词的内在联系，或者结合已有知识和经验建立起形象联系，形成新的组块，从而记住生词。

人造超人——思维与超级大脑

形义联想

可以刻意找出单词的形式与意义之间的联系，利用它们之间的共同点进行组块。例如，在动词后加 er 表示人，如：reader，writer，speaker 等。

分类记忆

在学习或复习单词时，可以根据单词语义间的各种联系（例如同义、反义等）将单词与以前学过的旧词联系起来，形成语义对或语义网，从而扩大原有的组块或形成一个更有序的组块，促进记忆。

生活百科——健脑食物

2000 年度诺贝尔奖获得者 Eric Kanded 曾说：记忆是人类大脑生命的支柱。在日常的饮食中，如果能够注意合理营养，平衡膳食，既可以满足机体对营养的需求，又可以改善记忆。生活中的许多食物可以增强人的记忆力，它们是橘子、玉米、花生、鱼类、菠萝、鸡蛋、味精、海带、紫菜、桂圆、蜂蜜、核桃、油梨、苹果、草莓、蓝莓、葡萄、卷心菜、大豆、杏、胡萝卜等等。要想你的记忆更有效率，从食物到方法，一个环节可都不能松懈哦。

拒斥大脑亚健康——大脑保健

◆焦虑是大脑亚健康最明显的表现之一

日常生活中经常听到有人感叹自己记忆力越来越不好、健忘、思维越来越迟钝、经常性的失眠、容易疲劳……这些都是身体发出的警告，说明人已经处于亚健康状态。尤其是对于脑力劳动繁重者和精神负担过重的人——比如面临升学压力的学生——都容易处于亚健康状态，尤其是大脑亚健康状态。学习和锻炼思维固然重要，但是我们也必须爱护好我们的大脑，只有一个健健康康的大脑才能有效地学习和工作。

大脑保健 6 招

根据德国脑研究专家恩斯特·波佩尔（Ernst Poppel，1940－）的研究，我们介绍 6 个大脑保健要点：

1. 充足的供氧。氧被誉为推动思考力的养料，恩斯特认为人的每项运动对大脑都是有益的，运动有益于健脑。多去野外、林荫大道、森林和公园做点如跑步这样

◆户外运动非常有利于大脑健康

人造超人——思维与超级大脑

的活动是个很不错的健脑方法。

2. 多吃有益健脑的食物。这点我们已经在前面讲过了。

3. 合理用脑。虽然前面讲过了大脑越用越聪明，长期不用脑会造成大脑萎缩，但是过度用脑也会对大脑健康有害。大脑的一个生理节奏的时间约为 90 分钟，所以人工作一个半小时后就应该休息 15 分钟左右。这样不仅有益于大脑健康，还能提高学习和工作效率。

◆合理用脑才能使大脑越用越聪明

4. 集中注意力。恩斯特建议，每个人都应该至少每天用一小段时间集中处理一件事情，并且不中断，经过这样的训练，大脑就能更有效地工作。例如去超市购物前，我们可以预先集中注意力写好一张购物清单。

5. 一天隔绝自己一小时。恩斯特认为，每个人每天与世隔绝一小时，这就能使人心静下来。进行冥想或干脆在晚上写日记，将这天所发生的每一件积极而富有成果的事情记录下来，有助于我们的记忆消除累赘、摆脱思想负担，进而激发创造力。

◆睡眠不足已经成为困扰很多人的难题，长期失眠会严重危及大脑健康

6. 充足的睡眠。白天的自然光线对脑的工作效率会产生巨大作用。恩斯特认为，9 点到 10 点大脑效率最高。因为这时大脑精力最充沛。缺乏睡眠会损害脑健康。大脑能通过睡眠进行自我恢复和修复，充足的睡眠大约需要 7 个小时。

针灸与脑保健

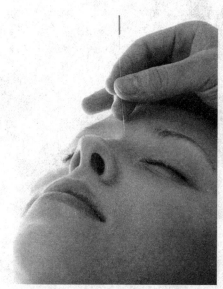

◆现在许多人求助于针灸这门古老的技艺来改善脑健康

英国研究人员日前报告说，利用现代科学手段检查中国传统针灸的效果，发现它可以引起大脑相应部位神经的变化。英国约克大学等机构的研究人员在美国学术期刊《脑研究》上报告说，17名受试者接受了合谷穴针灸，并同时接受大脑扫描。合谷穴位于手背虎口下方。研究人员发现，在那些认为有"得气"感觉的受试者中，与处理疼痛有关的大脑某些部位的神经出现活动降低的情况。

针灸所说的"得气"是指针灸过程中患者产生的酸、麻、胀等感觉，被认为是针灸取得效果的重要表现。如果针灸时患者没有"得气"而只是感觉疼痛，那么针灸效果可能不佳。

改装大脑——芯片大脑

你听说过人造胃、人造心脏、人造子宫吗？你相信这些人造的器官真的能被移植到人的身上发挥作用吗？它们中一些已经成为了现实，但是科学家们却不仅仅人造这些普通的器官，有的科学家甚至已经对人造大脑充满期待了。

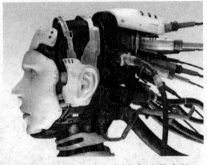

◆科学家试图通过现代技术改装大脑

有科学家期待说，将来只需在人脑里装上大拇指指甲这么大的一块芯片，人脑就将具有一台计算机那么强大的储存和计算能力，这样只需要进行一次简单的数据传输就能让你轻松地记住整本的《汉语字典》和《英汉字典》。这听起来是不是很诱人呢？而这对人类到底是祸还是福呢？

数字化大脑

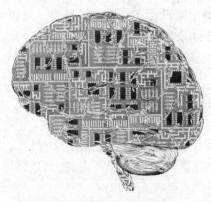

◆科学家制作的数字大脑模型

要制造一个超级大脑，当然应该首先对我们的大脑有一个充分的认识。之前我们已经详细地介绍了大脑和神经系统的知识，这为我们下一步的介绍打下了良好的基础。科学家们最看好的是对大脑的数字化建构，然后通过尖端技术再制造一个全新的数字化超级大脑。你能想象左图那满是芯片的数字大脑吗？

世界上已经有科学家设计并实现

了模拟人的大脑处理信息的数字化系统，这为模拟大脑功能甚至人造超级大脑奠定了基础。科学家们先采用低温冷冻技术采集人体大脑的横断面图像，再用电脑软件将分割提取后的脑断面进行重建，建立以大脑中心为原点的大脑三维模型，而且大脑上的任意一点都能用三维坐标表示，而且重构后的的大脑结构还可进行三维测量。通过这样的结构科学家们就建构了人体大脑的数字化模型，为实现大脑的计算机精确模拟提供可操作的基础平台。

大脑芯片

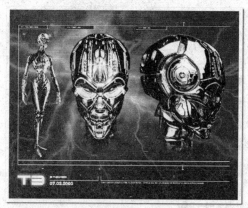

◆科学家一直设想制造出真正的大脑

要往大脑里植入芯片，首先必须要有合适的可植入的芯片，于是科学家们就利用现代发达的计算机技术制造了一些模拟芯片。

往人脑植入芯片，这听上去像天方夜谭，但实际上科学家已经在进行着各种尝试。早在2004年，IBM公司和瑞士洛桑理工学院合作启动了"蓝脑"计划，希望通过模拟大脑的神经元复制人工智能系统。2008年，瑞士科学家设计了一款电子鼠脑，据说已能主动对外来信号进行简单分析。但总体来说，目前开发出的神经计算机智能化程度不高，体积也相对较大。

尝试——大脑芯片的植入

关于这种神奇的"大脑芯片"是否能代替人类思考？它会不会帮讨厌做作业的孩子们完成所有功课，让"懒学生"们从此再也不用进行思维训练？它可不可让机器人把乱糟糟的房间整理得整整齐齐呢？

科学家们首先在动物身上做了一些简单的尝试。美国生物学家吉尔·

人造超人——思维与超级大脑

阿特马（Jelle Atema）在 2006 年做了一个让世人瞠目结舌的实验——通过往一条角鲨脑中植入一个电子元件从而影响它的行为。吉尔·阿特马通过操纵遥控器使鲨鱼闻到了某种实际上根本不存在的气味。例如，按下遥控器上的"右"键，鲨鱼大脑中处理右鼻孔嗅觉信息的区域就会受到电流刺激，鲨鱼就像真的闻到了右边有诱人的食物一样，向右边游去。但吉尔·阿特马也指出，完全控制鲨鱼的大脑是非常困难的，他现在只能控制鲨鱼的左右转。

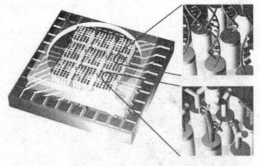
◆科学家已经制造出来的生物芯片

当然，在人脑中植入芯片要麻烦很多，推动这项技术发展的最重要的动力之一就来自医学领域。因为这样的研究可以帮助许多瘫痪病人重新站起

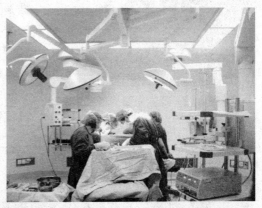
◆现代发达的外科手术为生物芯片的植入提供了技术保证

来。据英国《泰晤士报》2006 年 10 月 16 日报道，美国罗德岛州布朗大学的约翰·多诺古预言，在 5 年内，通过大脑植入芯片（BrainGate）的方法，可以让高位截瘫患者能够用自己的手吃饭。据报道说，采用这种方法，已经使截瘫患者能够通过意志控制和移动电脑光标。也许不久这些患者就可以经过锻炼来恢复对自己肌肉的控制，用手拿起勺子自己吃饭。

科学家使用了一种叫做"大脑之门"的装置，让患者大脑的神经传递信号绕过导致瘫痪的损伤的脊椎，医学家多诺古的研究团队已经取得了令人惊奇的进展。芯片只有阿司匹林药片大小，植入到大脑后，可以记录和传送大脑发出的肢体运动过程的部分电信号。

"大脑之门"电子芯片由一个 4 平方毫米大小的传感器和从其中伸出的

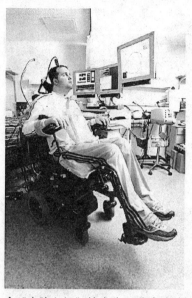

◆ "大脑之门" 技术为那些瘫痪病人带来了福音

100 个像头发丝一般细的电极构成。这些电极可以捕捉到脑电波，再由芯片转化为电信号，传输到一个镶嵌在病人头皮上的基座上，再由一根电线将它与计算机连结起来。这样，芯片发出的信号经过计算机的解码和处理，就可以被转换成运动指令了。如在患者想向左或向右移动胳膊时，计算机就会控制电脑光标作出相应的移动。

据报道，一名美国马萨诸塞州的患者——25 岁的马特·纳格尔——接受"大脑之门"植入手术后，在 9 个月的时间里，他学会了移动光标，能够打开电子邮件、玩电脑游戏，甚至能够控制一个简单的机械臂。

广角镜——电脑替代人脑？

当代脑科学的研究如火如荼。科学家们认为，"大脑芯片"运用类似人脑的神经计算法，较之传统数字计算机，它的智能性会更强，在学习、自动组织、对模糊信息的综合处理等方面也将前进一大步。但人脑的情况远远比这要复杂，现在的探索只是初步，人脑的更多神奇功能尚无从解读，"替代人脑说"更是无从谈起的了。

关于黑客帝国——人工智能

1997 年 5 月 11 日，国际象棋世界冠军卡加里·基莫维奇·卡斯帕罗夫（Kasparov，1963—）与 IBM 公司的电脑国际象棋"深蓝"进行了 6 局较量。在前 5 局平局的情况下，卡斯帕罗夫在第 6 盘决胜局中仅走了 19 步就向"深蓝"拱手称臣。整场比赛进行了不到 1 个小时，"深蓝"赢得了这场具有特殊意义的对抗。

◆卡斯帕罗夫在和 IBM "深蓝"电脑对决

从来没有人能挑战卡斯帕罗夫。自 1985 年成为世界冠军以来，12 年间，卡斯帕罗夫在国际象棋领域里的地位一直未受到严峻挑战。在最新公布的等级分排名榜上，他排名第一，等级分超过 2800 分，从没有人曾达到过这一高度。他被认为是有史以来最强的棋手之一。

电脑能战胜人脑吗？人和电脑谁将主宰未来？这样的问题又刺激了世人敏感的神经，这也就是《黑客帝国》风靡全球的原因之一吧。人工智能将走向何方，让我们拭目以待。

点击——黑客帝国

想必大家都看过电影《黑客帝国》吧，电影剧情是这样的：一名年轻的网络黑客尼奥生活在矩阵中，他却浑然不觉。但他发现表面上看起来正常的现实世界实际上仿佛被某种神秘的力量控制着，尼奥便开始调查此事。而生活在现实中的人类反抗组织的船长莫菲斯也一直在矩阵中寻找传说中的救世主，就这样在人类

◆黑客帝国海报

反抗组织成员崔妮蒂的指引下，这两个有着同样疑问的人见面了，尼奥也在莫菲斯的指引下逃离了矩阵，回到了真正的现实中，他这才了解到，原来他一直活在虚拟的世界中。

真正的历史是在20××年，人类发明了AI（人工智能），然而机器人却背叛了人类，并对人类开战，人类节节败退，在迫不得已的情况下，人类让整个天空布满了乌云，以切断机器人的能源（太阳能）。但是机器人技高一筹，它们又开发出了生物能源。就是利用基因工程制造人类，然后把他们接上矩阵，让他们在虚拟世界中生存，以获得多余的能量，尼奥就是其中之一。尼奥了解真相后也加入了人类反抗组织，在莫菲斯的训练下，渐渐成为了一名厉害的"黑客"，从此莫菲斯认定尼奥就是传说中的救世主。但就在这个时候，莫菲斯被捕了，尼奥救出了莫菲斯，但在逃跑的过程中被矩阵的"杀毒软件"特工杀死，结果反而让尼奥得到了新的力量并复活了，他把在矩阵中无所不能的特工杀死了。从此，人类与机器人的斗争进入了一个崭新的时代。

什么是人工智能

"人工智能"一词最初是在1956年（达特茅斯）学会上提出的。从那以后，研究者们发展了众多理论和原理，人工智能的概念也随之扩展。人工智能是一门极富挑战性的科学，从事这项工作的人必须懂得计算机、心理学和哲学的知识。

人工智能是内涵十分广泛的科学，它由不同的领域组成，如机器学习、计算机视觉等等，总的说来，人工智能研究的一个主要目标是使机器能够胜任一些通常需要人类智能才能完成的复杂工作。但不同的时代、不同的人对这种"复杂工作"的

◆人工智能之父：阿兰·麦席森·图灵（Alan Mathison Turing，1912—1954）

理解是不同的。

人工智能这门科学的具体目标随着时代的变化而发展，它一方面不断获得新的进展，一方面又转向更有意义、更加困难的目标。目前能够用来研究人工智能的主要物质手段以及能够实现人工智能技术的机器就是计算机，人工智能的发展历史是和计算机科学与技术的发展史联系在一起的。

除了计算机科学以外，人工智能还涉及信息论、控制论、自动化、仿生学、生物学、心理学、数理逻辑、语言学、医学和哲学等多门学科。人工智能学本身就是人类思维的一个巨大成果。

点 击

苹果电脑

1954 年 6 月 8 日，图灵 42 岁，正逢进入他生命中最辉煌的创造顶峰。一天早晨，女管家走进他的卧室，发现台灯还亮着，床头上有个苹果，只咬了一小半，图灵睡在床上，一切仿佛都和往常一样。但这一次，图灵是永远地睡着了，不会再醒来。经过解剖，法医断定是剧毒氰化物致死，那个苹果是在氰化物溶液中浸泡过的。外界的说法是服毒自杀，一代天才就这样走完了人生。

今天，苹果电脑公司以那个咬了一口的苹果作为自己的商标图案，就是为纪念这位伟大的人工智能领域的先驱者。

什么是矩阵

在《黑客帝国》里我们就接触过矩阵，你是否被它的神奇和强大所吸引了呢？矩阵的英文名为 Matrix。在数学名词中，矩阵用来表示统计数据等方面的各种有关联的数据。这个定义很好地解释了矩阵代码是制造世界的数学逻辑基础。

矩阵的现代概念是在 19 世纪逐渐形成的。1801 年，德国数学家高斯（F. Gauss,

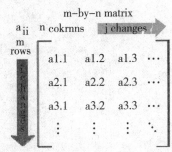
◆一个典型的矩阵

1777－1855）把一个线性变换的全部系数作为一个整体。1858 年，英国数学家凯莱（A. Gayley，1821－1895）发表了《关于矩阵理论的研究报告》。他首先将矩阵作为一个独立的数学对象加以研究，并以这个为主题首先发表了一系列文章，因而被认为是矩阵论的创立者。他给出了现在通用的一系列定义，如两矩阵相等、零矩阵、单位矩阵、两矩阵的和、一个数与一个矩阵的数量积、两个矩阵的积、矩阵的逆、转置矩阵等。1854 年，法国数学家埃米尔特（C. Hermite，1822－1901）使用了"正交矩阵"这一术语，但他的正式定义直到 1878 年才由德国数学家费罗贝尼乌斯（F. G. Frohenius，1849－1917）发表。1879 年，费罗贝尼乌斯引入矩阵秩的概念。

至此，矩阵的体系基本上建立起来了。

展望——21 世纪脑科学

世界各国普遍重视脑科学研究，美国 101 届国会通过一个议案，"命名 1990 年 1 月 1 日开始的十年为脑的十年"。1995 年夏，国际脑研究组织 IBRO 在日本京都召开的第四届世界神经科学大会上提议，把下一世纪（21 世纪）称为"脑的世纪"。欧共体成立了"欧洲脑的十年委员会"及脑研究联盟。日本推出了"脑科学时代"计划纲要。中国提出了"脑功能及其细胞和分子基础"的研究项目，并列入了国家的"攀登计划"。日本在 1996 年制订了为期 20 年的"脑科学时代——脑科学研究推进计划"。

◆脑科学的发展也许能为身患帕金森综合症的拳王阿里带来福音

当前研究情况

阐明脑功能

阐明产生感知、情感和意识的脑区结构功能和阐明脑通讯功能。

征服脑疾患

控制脑发育和衰老过程：包括调节脑的发育和分化的技术，促进人类大脑健康发育和防止发育异常，控制人脑衰老等；神经性、精神性疾病的预防和康复治疗：修复受损的脑组织、神经组织移植和基因疗法，老年性痴呆、帕金森氏病、精神分裂症的治疗。

开发脑型计算机

发展脑型器件和结构（具有学习和记忆能力的神经元芯片、智力认知功能，具有智力、情感和意识的脑型计算机），脑型信息产生和处理系统的设计和开发（支持人类机能的机器人系统）。

◆脑疾患威胁着老年人的健康

广角镜——主要研究进展

1. 分子水平的神经科学

在生物化学基础上发展起来的神经科学发展迅速。科学家们用这个方法研究了神经细胞、神经递质等基本的神经活动。

◆在 TED 大会上 Henry Markram 宣称他的团队要在 10 年内制造出大脑

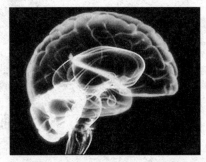

◆IBM 的蓝脑计划同样备受世人关注

2. 神经网络的研究

科学家按照条件反射过程中神经细胞所表现的电学特性和分子特性的变化，研制了一种叫做DYSTAL的联想学习网络。

该网络内没有任何预先编过的输入/输出关系程序，它能学习、记忆、辨识。

这让计算机以人工网络形式储存记忆的方式成为可能。

科学家们用数百个"神经元"组成的 Hopfield 网络解决复杂的"驾驶员应沿什么路线行驶才能避免严重的堵车使行程时间最短"的问题比微机快 10 万倍，但结构却简化了 1 万倍。科学家还研制了光学神经计算机，这种光学神经计算机还能辨别人像。

◆IBM 公司开发出来的"蓝色大脑"是由上千块 CPU 集合起来的大型计算机，要开发出与人脑相媲美的"电脑"还有很长的路要走

主要研究方法

解剖学方法

采用通常的组织染色方法可以在光学显微镜下观察神经系统各种组织的细胞结构。运用电子显微镜可以进一步了解神经元和突触的精细结构。高尔基银染法为神经机制的认识奠定了基础，目前仍在广泛使用。

◆电子显微镜为科学家对脑的研究提供了大大的便利

分子生物学方法

①重组 DNA 技术：分析离子通道蛋白的结构和功能、生理特性；

②应用单克隆抗体和遗传突变体。

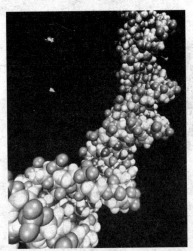

◆DNA 将助力现代脑科学技术打
开大脑的神秘之门

系统生物学方法

20世纪中叶，贝塔朗菲创立了一般系统论，后来科学家又建立了神经系统疾病研究的系统生物学方法。随着生物信息学的发展、基因组计划的成功，以及神经系统的细胞信号传导与基因表达调控的研究，系统生物学采用实验、计算与工程的系统论方法，成为脑科学研究的发展现代趋势。其他还包括分子生物学方法、生理学方法等。

认识你自己

——思维与心理学

这是古希腊哲学家苏格拉底的名言——认识你自己。

而心理学就是认识我们自己最恰当的工具之一了。心理学（英文名称 Psychology）是研究人和动物心理现象发生、发展和活动规律的一门科学。心理学既研究动物的心理也研究人的心理，而以人的心理现象为主要研究对象。总而言之，心理学是研究心理现象和心理规律的一门科学。深层次地了解人的心理发生、发展和活动的规律，这对我们找到最合适的方法来训练我们的思维非常重要。

望梅止渴——反射与学习

想必大家都听过"望梅止渴"的典故。

故事是这样的，有一年夏天，曹操率领部队去讨伐张绣，太阳晒得大地直冒烟，可是曹操手下的几万人马连水都喝不上。于是曹操叫来了向导，悄悄地问："这附近可有水源?"向导摇摇头说："泉水在山谷的那一边，要绕道过去还得走很远的路程。"曹操看了看前边不远处的树林，想了一小会儿对向导说："你什么也别说，我来想办法。"

曹操知道此刻部队饥渴难耐军心涣散，下命令叫部队快速行军是无济于事的。他骑着马快速赶到队伍前面，指着前方说："士兵们，前面有一片梅林，那里的梅子又大又好吃，我们快点赶路，绕过这个山丘就可以吃梅子解渴了!"士兵们一听，仿佛已经吃到了梅子一样，直流口水，精神大振，行军速度大大加快。终于赶在敌人之前抓住了战机打败了敌人。曹操在这里就是运用了心理学的原理激励士兵，让本来口渴难耐的士兵没喝到水却解了渴。

那望梅止渴的典故里究竟蕴涵着怎样的心理学原理，让我们一起来揭秘吧。

魏武行役，失汲道，军皆渴，乃令曰："前有大梅林，饶子，甘酸，可以解渴。"士卒闻之，口皆出水。乘此得及前源。

——《世说新语·假谲》

◆望梅止渴

初探反射

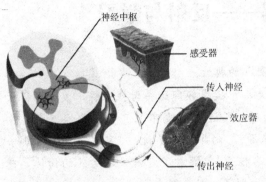

◆生物教科书中的反射弧结构示意图

反射就是在中枢神经系统的参与下，机体对环境刺激所作出的一定的反应，反射的生理结构基础是反射弧。反射有两种：一种是动物和人生来就有的反射，称非条件反射。例如人吃到梅子时就会分泌唾液。另一种是条件反射，是动物和人在后天的生活中在非条件反射基础上逐渐形成的反射。它由信号刺激引起，通过大脑皮质参与而完成。条件反射是脑的一项重要的高级调节功能，它提高了动物和人适应环境的能力。在"望梅止渴"的典故里，士兵们由于受到曹操说的"梅子"的刺激而流口水就是一种条件反射。

人的学习就是一种典型的条件反射活动。条件反射包括两个信号系统。接受外界具体事物的刺激而引起的条件反射是第一信号系统，这是对具体形象的感性反应，这是人和动物所共有的信号系统。对语言文字系统的条件反射是第二信号系统，是人所特有的。人的思维就是人脑在这两个信号系统的基础上进行的。因此根据人脑活动的特点，我们就能对我们的思维进行训练。

学习与反射

人和动物都具有学习的能力和行为，严格说来，所有的学习行为都是反射的反复进行和强化。因此了解了人的学习的本质之后就能帮助我们更好地进行学习。

例如科学家在动物身上进行的实验就很好地说明了学习与反射之间的关系。科学家们做了这样一个实验：科学家们在每次给狗吃肉的时候就摇铃铛，后来科学家们只摇铃铛不给狗吃肉，狗却仍然分泌唾液。但是持续几次这样的试验后，狗在没有肉只有铃铛声的环境中就不会再分泌唾液了。

这个实验就说明通过反射学习而来的知识如果反复进行强化（每次在狗吃肉的时候摇铃铛），就能让动物记住肉与铃铛声之间有一定关系（相当于一个学习过程）。然而如果这种反射没有进行有效强化，那么狗就记不住肉与铃铛声之间的关系。也就是说，要有效地学习就要进行恰当的强化训练，这就是我们下面讲到的"艾宾浩斯记忆遗忘曲线"的原理。

 知 识 窗

巴甫洛夫的狗

这是先前讲过的实验，没忘记吧！最早对条件反射的研究是巴甫洛夫在狗身上进行的。巴甫洛夫发现，要使狗在没有肉只有铃声的条件下也要分泌唾液，大约需要30次反复实验。而如果三天没有进行实验刺激，狗在没有肉的条件下就不再分泌唾液了。

艾宾浩斯记忆遗忘曲线

德国心理学家赫尔曼·艾宾浩斯（Hermann Ebbinghaus，1850－1909）研究发现，人在学习之后对所学的东西就开始遗忘，而且遗忘的进程并不是均匀的。在最开始阶段遗忘的速度很快，以后会逐渐变慢。他根据这个实验结果绘成描述遗忘过程的曲线，即著名的艾宾浩斯记忆遗忘曲线。

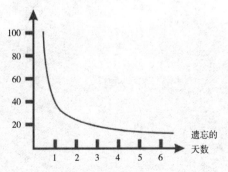

◆艾宾浩斯记忆遗忘曲线

艾宾浩斯曲线被很好地应用到了人的学习过程中。人在学习后假如没有及时复习，那么那些记住过的东西就会慢慢遗忘；而如果进行了及时地复习，这些信息就能得到强化，从

TOUNAO DE MOGUI XUNLIAN
YU SIWEI KUANGHUAN

头脑的魔鬼训练与思维狂欢

◆根据艾宾浩斯曲线你的学习可以事半功倍

而能在大脑中保持很长的时间，被人牢牢记住。

艾宾浩斯曲线告诉人们在学习中的遗忘是有规律的，在学习记忆的最初阶段遗忘的速度很快，后来就逐渐减慢了，到了相当长的时间后，几乎就不再遗忘了。这就是遗忘的发展规律，即"先快后慢"的原则。

根据这条遗忘曲线，学得的知识如不抓紧复习，在一天后就只剩下原来的25％。随着时间的推移，遗忘的速度减慢。

有人做过一个实验，两组学生学习一段课文，甲组在学习后不久进行一次复习，乙组不予复习，一天后甲组保持98％，乙组保持56％；一周后甲组保持83％，乙组保持33％。乙组的遗忘平均值大大高于甲组。

因此，通过本章的学习掌握了恰当的方法，你就能在学习过程中事半功倍，再也不用为学习而愁眉苦脸了。

辨认与识别——知觉

先让我们来听听人类学家科林·特恩布尔（Colin Macmillan Turnbul, 1924—1994）在他的《森林人》里讲的关于一个名叫肯基的非洲人的有趣故事。肯基是在非洲一个原始部落中长大的，自从出生以后他就从未走出过他所生活的原始森林。有一天，他第一次和人类学家科林·特恩布尔一起乘车经过一片开阔的草原。特恩布尔详细记录下了肯基当时的反应。

"肯基远眺几英里以外大概一百头左右正在吃草的一群野牛，问我是哪一种昆虫。我告诉他它们是比他所认识的森林野牛大一倍的野牛。肯基笑着要我别讲这样的蠢话，并再次问我它们是哪一种昆虫。然后他自言自语，为了找出更合理的比较，试图把那些野牛比做他熟悉的那些甲虫和蚂蚁。"

"当我们坐的汽车离那些吃草的野牛越来越近的时候，肯基还在做这样的比较。尽管肯基非常勇敢，当他看到那些野牛变得越来越大时，还是坐得离我越来越近，嘴里嘀咕着说一定有什么魔力……终于当他认识到它们是真的野牛时，他不再害怕了，但仍然感到困惑，为什么刚才它们看起来那么小，是否刚才真的那么小而现在突然变大了，或者是不是有什么骗术？"

◆远处的野牛在肯基的眼中为什么是虫子？

肯基的故事明显地证明了一个人的生活经历对其判断能力的影响。因为肯基从未走出过热带森林，在原始森林中他没有学习过任何关于远处物体的知识。在这一节，我们将学习知觉是如何从外界学习到知识，然后作出判断的。

什么是知觉？

知觉是外界刺激作用于感官时人脑对外部世界的看法和理解，它能对我们通过感官从外部世界得来的感觉信息进行组织和理解。知觉可以比做是电脑程序，是一个从获取感官信息→理解信息→筛选信息→组织信息的过程。知觉包括空间知觉、时间知觉和运动知觉。

知觉是如何把多个元素整合为一个整体的呢？格式塔学派给出了几条知觉对信息进行组织的规律：相邻律、相似律和共同命运原则。人们对知觉的研究通常和错觉联系在一起，这是一件很有趣的事情。

知觉与感觉通常是无法完全分离开来的，感觉仿佛就是对信息的初步加工，知觉就是对信息的深入加工。而现在人们习惯把感觉和知觉放在一起，统称为感知觉。

如何训练知觉？

◆知觉测试图：你能从其中辨认出一只斑点狗吗？

知觉有以下五个特点，因此根据知觉的这五个特点心理学家们提出了专门的训练方法。

接近或相邻原则

人倾向于把视野中在时间或空间上相邻或接近的刺激物视为整体，这是由于在知觉过程中，当刺激物之间的辨别性特征不明显时，人经常会借助以前的经验，主动寻找刺激物之间的关系，进而获得合理或有意义的知识经验。

相似性原则

人倾向于把在大小、形状、颜色、亮度和形式等物理属性相同或相似的刺激物组合在一起形成一个整体。这种按照刺激物相似特性进行组织的知觉倾向，符合知觉组织的相似性原则。

连续性原则

知觉的连续性原则是指人的知觉有这样一种能力，倾向于把连续或运动方向相同的刺激物组合在一起，从而形成一个整体。

闭合原则

人将图形刺激中的特征合成一个图形，即使其间有断缺之处，知觉也倾向于把它看成是一个连续的完整形状。观察者在心理上将这些线条或轮廓闭合起来，产生了一个主观的完整图形，形成了完整图形的知觉经验。这体现了知觉组织的闭合原则。

◆知觉闭合训练图：你能看到些什么图形？

生活百科——你如何接住飞行中的球

你是否打过棒球呢？当棒球接球手听见棒球击球声，并看到一个棒球急速地飞向他时，他怎么知道该如何接住球呢？

　　研究知觉的科学家发现，接球手接住球分为两个阶段。第一个阶段是努力跑到正确的位置。在第二个阶段，接球手可能会减速，也可能突然停下来，而这依赖于棒球手个人极强的知觉能力。

　　当接球手接住球时并没有完全完成任务，他们还必须尽可能快地把球掷回场内，阻止对手得分。接球手经常一面进行接球的复杂知觉过程，一面还要注意他们周围环境中的重要信息，例如对手的情况，因此，棒球接球手要出色地完成任务需要非常强的知觉能力。

◆棒球接球手要利用什么线索才能接住飞行中的球

狼孩儿——思维与环境

狼孩是指从小被狼抚育起来的人类幼童。世界上已知由狼哺育的幼童有 10 多个，其中最著名的是在印度发现的两个。狼孩和其他被野兽抚育的幼童又被统称为野孩。"狼孩"刚被发现时有嘴但不会说话，有脑但不会思维，和野兽几乎没有什么区别。

狼孩的事例说明人类的知识与才能不是天赋的，所有这些都是后天社会实践和劳动的产物。长期脱离人类社会环境的幼童，就不会产

◆关于狼孩的传说源远流长，意大利的罗马城传说就是由狼孩建立起来的，至今的罗马城还有许多关于狼的雕塑

生人所具有的脑的功能，也不可能产生与语言相联系的抽象思维和人的意识。成人如果由于某种原因长期离开人类社会后又重返社会时，则不会出现上述情况。这就从正反两个方面证明了人类社会环境对人的思维发展，尤其是幼龄阶段所起的决定性作用。

惊现——发现狼孩

1920 年，在印度加尔各答东北部的一个名叫米德纳波尔的小城，人们常见到有一种"神秘的生物"出没于附近森林。往往是一到晚上，就有两个用四肢走路的"像人的怪物"尾随在三只大狼后面。后来人们打死了大狼，在狼窝里终于发现了这两个"怪物"，原来是两个裸体的女孩。大的年约七八岁，小的约两岁。这两个小女孩被送到附近的米德纳波尔的孤儿院去抚养，人们还给她们取了名字，大的叫卡玛拉，小的叫阿玛拉。可第

二年阿玛拉就死了，而卡玛拉一直活到 1929 年。这就是曾经轰动一时的"狼孩"事件。

教化——教育狼孩

◆狼孩被发现时完全不具有人类的生活习惯

狼孩刚被发现时，生活习性与狼一样：用四肢行走；白天睡觉，晚上出来活动，怕火、光和水；只知道饿了找吃的，吃饱了就睡；不吃素食而要吃肉，而且不用手拿，放在地上用牙齿撕开吃；不会讲话，每到午夜后像狼一样长嚎。卡玛拉经过 7 年的教育，才掌握 45 个词，勉强地学几句话。她死时估计已有 16 岁左右，但其智力只相当于平常三四岁的孩子。

结　论

如果狼孩在出生时不是先天缺陷，则这一事例说明：人类的知识与才能不是天赋的，直立行走和言语也并非天生的本能。所有这些都是后天社会实践和劳动的产物。

从出生到上小学以前这个年龄阶段，对人的身心发展极为重要。因为在这个阶段，人脑的发育有不同的年龄特点。对于语言来说，这可能是一个关键时期，错过这个关键期，

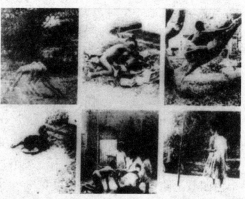

◆狼孩的发现者努力教育狼孩，可是狼孩仍然保持和狼一样的生活习惯，再也形成不了人类的生活习惯

会给人的语言、心理和思维带来无法挽回的损失。因此长期脱离人类社会
环境的幼童，就不可能产生与语言相联系的抽象思维和意识。但是成人如
果由于某种原因即使长期离开人类社会后又重返社会时，则不会出现上述
情况，鲁滨逊在荒岛上待了很多年后他的能力仍然与以前几乎一样。这就
从正反两个方面证明了人类社会环境对婴幼儿身心发展所起的决定性
作用。

动动脑——教育与公平

从狼孩的事例我们看出后天环境对个
人发展产生的重大影响。在孩子的早期生
活中，给予他们的指导是多么重要。我们
必须更多地思考如何抚养、训练孩子，应
该如何指导他们的心理、知觉、智慧和行
为的发展。时至今日，我们很多人仍然认
为所有这些都是天生的，或者是遗传的，
而忽略了教育对于这些能力的影响作用。

卡玛拉和阿玛拉两个孩子接受的抚养
和教育是何其不幸！也由此可以看出不同
的环境对于人的成长有多么大的影响。许
◆从狼孩的事例我们认识到幼儿时期
是人的语言和思维形成的关键时期，
现代社会十分关注这个时期的教育

多人很不幸，从小就得不到公平的受教育机会，因而不如其他受过良好教育的人
"优秀"，尤其是那些贫困地区的孩子更是这样。所以我们要珍惜自己这么优越的
环境，好好学习，也不要歧视那些没有机会受到良好教育的人们。

◆劳动是人类进化的重要动力

哲学家的思考——狼孩与人类进化

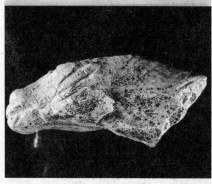

◆在人类进化的历史上，这些工具扮演了重要角色

哲学家认为，"狼孩"的事实证明了人类的知识和才能并非天赋的、生来就有的，而是人类社会实践的产物。

人不是孤立的，而是高度社会化了的人，脱离了人类的社会环境，脱离了人类的集体生活就形成不了人所固有的特点。而人脑又是物质世界长期发展的产物，它本身不会自动产生意识，它的原材料来自客观外界，来自人们的社会实践。所以，这种社会环境丧失了，人类特有的习性、智力和才能就发展不了，就如"狼孩"刚被发现时那样，有嘴不会说话，有脑不会思维，人和野兽就没有区别了。

另外，人类幼儿智力的成长过程也反映了从猿到人漫长历程中人的智力的发展历史。由于缺乏社会实践活动，"狼孩"未能学会直立，不得不用四肢爬行，而她们的发音器官也没有得到良好的训练，发不出音节分明的语言。更重要的是，由于脱离人类社会，"狼孩"自然不会有产生语言的需要。此外，她们总是四肢爬行，面部朝下，只得看到下面的东西，不可能获得与其他动物一样多的印象和知识。这一切根本地阻滞了她们智力的发展。

"狼孩"的事例也深刻地反映了这样的事实：人类起源过程中如果没有直立行走和语言的形成，人类祖先就不可能实现由猿到人的转变，而直立行走和语言的形成却又离不开最基本的实践活动——劳动。所以狼孩给人们以深刻的启示：没有劳动，也就没有可能实现从猿到人的转变！劳动创造了人，劳动就是人之所以为人的最大根本。

◆哲学家从狼孩的事例得到启发，坚定了人是由猿进化而来的认识

"阿甘"的智力——智力测试

看过美国电影《阿甘正传》的人都对电影里那个老实忠厚却又似乎傻乎乎的阿甘印象深刻。阿甘在很小的时候就因为智力测试只得了 75 分而不能在一般的学校里学习，因为在美国只有智力测试达到了 80 分才能在普通的学校里学习，否则就要被送进智力残障学校学习。

什么是智力测试？它是怎么来的？智力测试的分数又究竟能说明什么呢？

智力测试的历史

虽然"智力测试"这个词是在 19 世纪才广泛使用，但是在此之前智力测试却已经在实践中广泛使用几千年了。中国在 2000 年前的汉朝就开始用笔试考试的方法来选拔官员，这实际上就是一种智力测试的实践应用。

现代智力测试的发展首先应该归功于 19 世纪英国著名的作家、现代智力测试的鼻祖弗朗西斯·高尔顿（Francis Galton，1822—1911）。他在 1869 年出版了他的代表作《遗传的天才》。他对人们在能力上的不同及其原因进行了很有趣的探索，比如为什

◆弗朗西斯·高尔顿对智力测试的发展有重要影响

么一些人比别人更聪明、事业更成功。

高尔顿提出了智力测量的四个重要思想:

第一,智力的差异可以根据智力的程度来定量。也就是说,可以将不同人的智力水平数量化。

第二,智力的个体差异可以用数学的统计方法进行统计,而且大多数人的智力值在中间,只有少数人是天才和智力迟滞。

第三,智力可以由客观测验试题测得,测验中每一个题只有一个"正确"答案。

第四,两套测试试题之间的相关程度可以用相关的统计分析来确定。

高尔顿提出的这四点思想对以后的智力测试发展产生了重大影响。

知识书屋

科举制

科举可以说是古代最重要的智力测试了。科举制最开始出现是在汉朝,正式盛行是在隋朝,一直持续到清朝光绪三十一年（1905 年）举行最后一科进士考试为止,经历了一千三百多年。科举考试分三种:乡试、会试、殿试。乡试每三年举行一次,乡试考中了称为举人,举人实际上是候补官员,有资格做官了。接下来是会试。会试是紧接着乡试的。会试是在京城举行。如果会试考中了,称为进士。进士每年的名额大概有 300 名左右。会试第一名叫做状元,第二名叫做探花,第三名叫做榜眼。中了进士就可以直接做官了。殿试为科举考试中的最高一段。明清殿试后分为三甲:一甲三名赐进士及第,通称状元、榜眼、探花;二甲赐进士出身,第一名通称传胪;三甲赐同进士出身。

IQ 测试

虽然智力测试最先是由英国人提出来的,而后法国开始了标准测量。但后来美国心理学家很快就领先了,现在我们通常使用的 IQ 测试就是美国斯坦福大学的心理学家刘易斯·特曼提出来的。

特曼首先提出了智商的概念,即 IQ。IQ 是心理年龄与生理年龄的比率再乘以 100 之后得到的值。用公式表示为:IQ＝心理年龄÷生理年龄×100。因此,一个人的心理年龄和生理年龄相当的时候,IQ 的得分就约为

100 分，也就是说 100 是 IQ 的平均值。电影《阿甘正传》中的阿甘做的智力测试正是这个测试，而阿甘的得分是 75 分，达不到正常标准的 80 分，校长建议他妈妈送阿甘去智力残疾学校学习。

自我小测——测测我的智力

这是国内一个比较通行的儿童智商的测试题目，要求测试者在 30 分钟内做完。

1. 选出不同类的一项：

   A. 蛇　B. 大树　C. 老虎

2. 在下列分数中，选出不同类的一项：

   A. 3/5　B. 3/7　C. 3/9

3. "男孩"对"男子"，正如女孩对

   A. 青年　B. 孩子　C. 夫人

   D. 姑娘　E. 妇女

4. 如果"笔"相对于"写字"，那么"书"相对于

   A. 娱乐　B. 阅读　C. 学文化

   D. 解除疲劳

5. 马之于马厩，正如人之于

   A. 牛棚　B. 马车　C. 房屋　D. 农场　E. 楼房

6. 281420（　）

   请写出"（　）"处的数字。

7. "生活水里鱼在"。以上几个词是否可以组成一个正确的句子

   A. 是　　B. 否

8. "球棒的用来是棒球打"以上六个词是否可以组成一个正确的句子

   A. 是　　B. 否

9. "动物学家"与"社会学家"相对应，正如"动物"与（　）相对

   A. 人类　B. 问题　C. 社会　D. 社会学

10. 如果所有的妇女都有大衣，那么漂亮的妇女会有

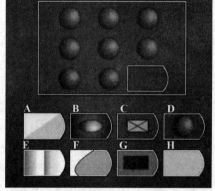

◆一个常见的 IQ 测试题：空白的方框中应该填入哪个图形？正确答案应为选项 D。

A. 更多的大衣　B. 时髦的大衣　C. 大衣　D. 昂贵的大衣

11. 132657（　）

　　请写出"（　）"处的数字

12. 南之于西北，正如西之于

　　A. 西北　B. 东北　C. 西南　D. 东南

13. 找出不同类的一项

　　A. 铁锅　B. 小勺　C. 米饭　D. 碟子

14. 978675（　）

　　请写出"（　）"处的数字

15. 找出不同类的一项

　　A. 写字台　B. 沙发　C. 电视　D. 桌布

16. 961（25）432；932（　）731

　　请写出（　）内的数字

17. 选项ABCD中，哪一个应该填在"XOOOOXXOOOXXX"后面

　　A. XOO　B. OO　C. OOX　D. OXX

18. 望子成龙的家长往往（　）苗助长

　　A. 揠　B. 堰　C. 偃

19. 填上空缺的词：

　　金黄的头发（黄山）刀山火海

　　赞美人生（　）卫国战争

20. 选出不同类的一项：

　　A. 地板　B. 壁橱　C. 窗户　D. 窗帘

21. 1827（　）

　　请写出（　）内的数字。

22. 填上空缺的词：

　　罄竹难书（书法）无法无天

　　作奸犯科（　）教学相长

23. 在括号内填上一个字，使其与括号前的字组成一个词，同时又与括号后的字也能组成一个词：

　　款（　）样

24. 填入空缺的数字

　　16（96）12；10（　）7.5

25. 找出不同类的一项

　　A. 斑马　B. 军马　C. 赛马　D. 骏马　E. 驸马

26. 在括号里填上一个字，使其与括号前的字组成一个词，同时又与括号后的字也能组成一个词：祭（　）定

27. 在括号内填上一个字，使之既有前一个词的意思，又可以与后一个词组成词组：

头部（　）震荡

28. 填入空缺的数字：

653717（　）

29. 填入空缺的数字

41（28）27；83（　）65

30. 填上空缺的字母

CFIDHLEJ（　）

答案：

1. B	2. C	3. E	4. B	5. C	6. 26
7. A	8. B	9. A	10. C	11. 9	12. B
13. C	14. 6	15. D	16. 38	17. B	18. A
19. 美国	20. D	21. 58	22. 科学	23. 式	24. 60
25. E	26. 奠	27. 脑	28. 5	29. 36	30. O

计算方法：

每题答对得5分，答错不得分。共30题，总分150分。

根据《斯坦福—比奈量表》在大量美国儿童中实际测量的结果，心理学家进行了分类：智商140以上者接近极高才能（人们常把这种人称为"天才"），120～140者为很高才能，110～120为高才能，90～110为正常才能，80～90为次正常才能，70～80为临界正常才能，60～70为轻度智力孱弱，50～60为深度智力孱弱。正常智力的界限为智商90～110。

你得了多少分呢？

探讨——精神病患者与精神病医生

在美国，心理学家们发现了一个有趣的现象：精神病院的医护人员通常会与慢性精神病患者谈话或者询问，以了解他们的情况。有趣的是，当病人得知医护人员与他们谈话的目的是评价他们是否可以转移到更加自由的开放病房时，这些病人通常会给予积极的正面自我评价。但是，如果他们得知谈话的目的是评价他们是否可以出院时，他们通常会给予更多的消极的负面自我评价，因为他们不想出院。所以，如果医护人员没

◆现在智力测试结果成为精神病患者是否能出院的重要标准

有注意到这一点，就会认为那些有更多负面自我评价的病人障碍更严重，就认为这样的病人不应该出院。

因此，通常的各种测试一定要考虑到被测试者的想法和态度，只有考虑了这些因素后得到的测试结果才可能是客观正确的。

真理的绊脚石——偏见

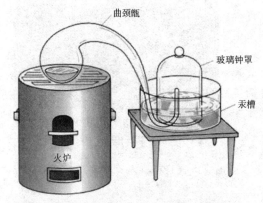

曲颈瓶

玻璃钟罩

汞槽

火炉

◆拉瓦锡研究空气化学成分时所用的装置

1774 年英国化学家 J. 普里斯特利和他的同事用一个大凸透镜将太阳光聚焦后加热氧化汞，制得了纯氧，并发现氧有助燃和帮助呼吸的功能。但他却囿于当时的"燃素说"，认为那是一种"脱燃素空气"，错过了发现氧气的机会。1774 年，普里斯特利到法国访问，并把制氧的方法告诉了 A. L. 拉瓦锡，于是拉瓦锡在 1775 年也做了这个实验，拉瓦锡也发现了普里斯特利称为脱燃素空气的物质。但他抛弃了燃素说而认为这是一种新的气体，他将这种气体命名为 oxygen，即氧气。于是拉瓦锡成为了后世公认的氧气发现者。这个故事告诉了我们偏见对科学发现的影响，其实在生活中这种影响无时无刻都可能伴随着我们。

人性的弱点

在所有人性的弱点当中，也许没有什么比偏见对人的自尊和人的社会关系更有害的了。人脑中的偏见，能够贬低人的人格甚至毁灭人的生命。心理学家们认为偏见是针对特定目标群体的一种习惯性的态度，它包括支持这种态度的消极情绪和消极印象，以及逃避、控制、征服和消灭目标群体的行为意向。例如，纳粹通过法律来强化他们带有偏见性的信念，他们把犹太人称为劣等人。如果一个人在面对证明他是错误的证据时，还不愿对自己的信念加以改变的话，那么这个人就是一个有偏见的人。

知 识 窗

偏见与种族隔离

在以前，欧洲和美国等许多国家都存在着种族隔离制度，这是一种偏见。美国的马丁·路德·金为了废除种族隔离制度甚至付出了生命。

偏见产生的根源

在心理学家对偏见的研究中得到了一个令人悲伤的事实：对那些不属于他们同一群体的人，人们很容易表现出偏见。

◆宗教偏见导致了十字军数次东征

人类通常通过把人分成群体来组织社会。最简单和最有说服力的分类标准就是看他人与自己是不是相像。人们往往把世界分成内团体和外团体，对于前者，个体把自己看做是其中的成员；而对外团体则相反。这样的区分导致了一种偏见，即自己群体比别的群体好。

人们一旦被别人看做是外团体成员，常常会成为其他人泄愤和不公平对待的对象。

◆希特勒并非真的是长成这样，偏见使人们把他刻画成这个形象

探讨——心理学家针对偏见的实验

◆球迷在看足球比赛的时候统一穿上自己支持的球队的球衣，这无疑增加了对对手球迷的敌意

偏见会使科学发现与科学家失之交臂，也会导致不必要的冲突、矛盾甚至战争等等。心理学家们在想怎样才能使人们摆脱偏见。心理学家曾做过这样一个实验，通过这个实验证明了"我们"与"他们"的区分会导致人与人之间很大的敌意。

心理学家将一些小孩带到公园玩耍，将他们分成两个小组，一组被命名为"老鹰队"，另一组命名为"响尾蛇队"。每组人都有自己的营地，并在这里进行一些活动，例如散步、游泳、共同准备饭菜等，这样大约过了一个星期，然后把两个小组的小孩集合在一起，进行一些竞争性的活动，像篮球、足球和拔河比赛。结果发现从一开始，两个组的竞争就变得很激烈，他们烧毁对手的组旗，争夺营地，偏见和敌意越来越浓。

那么怎样才能减少他们之间的敌意呢？

克服偏见

心理学家紧接着上面的实验进行了另一个实验。心理学家为了减少小孩子之间敌意和偏见，于是就让他们参与一些共同目标的活动，心理学家称这样的行为为接触假设——通过双方的直接接触将会减

> 偏见不是绝对的，偏见产生的根源是对他人不够了解，因此可以通过沟通来缓解和消除。

少孩子们的偏见，因为孩子们相互讨厌仅仅是因为不在同一个组里。研究表明，要克服偏见还必须促进在追求共同目标时个人之间的相互作用。心理学家确实还没有找到能够彻底消除偏见的方法，但是他们确实提出了一些宝贵的建议，但这需要时间来检验和修正。

认识你自己——思维与心理学

◆图中的团队活动都是帮助大家克服偏见的好方法

　　心理学家研究偏见得到的一个悲哀的事实是，即使是小小的原因，也足以形成偏见。研究还表明，社会分类将陌生人变成了一个个有着内聚力的小组，使得人们对自己组内成员比对组外成员有更积极的态度。

　　心理学家的研究得出了一个乐观的结论：当不同组的成员之间产生友谊时，偏见就会减少，因此交流和友谊可谓是我们克服偏见最有效的良药。

活学活用——思维推理

◆沃森和克里克是如何探讨 DNA 结构这种抽象的问题的?

试想一下你在生活中遇到的一些麻烦:偶尔一个不小心就把自己锁在家门外面而又没带钥匙,要考试了发现原来忘记了带笔,早上去上课的途中遇到严重的堵车而且眼看就要迟到了……当你遇到这些麻烦事的时候你第一反应是什么呢?是着急得如同热锅上的蚂蚁而仓皇失措,还是冷静下来分析问题、解决问题?当然如果要解决问题,我们就得有解决问题的办法,下面我们就来了解一下人在遇到问题的时候一般都有什么解决问题的法宝。

斯芬克斯的谜语

古希腊神话中一个叫做斯芬克斯的怪物,它总守在一条路旁,出一个谜语让路人猜:什么东西早晨用四条腿走路,中午用两条腿走路,黄昏时用三条腿走路?如果路人答错了就要被它吃掉。

后来古希腊的英雄俄狄浦斯路过这里,他想要破解这个谜语。他认识到这个谜语的要素是一些隐喻,早晨、中午、黄昏代表人生的不同时期。婴儿爬行,因此实际上就是用四条腿走路;成人用两条腿走路;老年人用两条腿走路,此外还用拐杖,这样总共有三条腿。于是俄狄浦斯的答案是人。斯芬克斯听罢,转身跳进了身后的悬崖,路过这里的人再也不用担心被斯芬克斯吃掉了。

知识书屋

俄狄浦斯

俄狄浦斯（Oedipus 有时拼为 Oidipous），古希腊文学史上典型的命运悲剧人物。是希腊神话中忒拜的国王拉伊奥斯和王后约卡斯塔的儿子，他在不知情的情况下，杀死了自己的父亲并娶了自己的母亲。

"戏剧艺术的荷马"、"命运悲剧大师"索福克勒斯在古希腊戏剧《俄狄浦斯王》中丰富了其命运悲剧的形象。

演绎推理

当你努力解决一个问题时，你所从事的是一些被称为推理的特殊形式的思维。那么我们就来认识一下解决问题的第一件法宝——演绎推理。

假设你们一家人打算外出吃一顿大餐，而妈妈想通过刷她的交通银行信用卡付钱，于是妈妈给饭店打电话问："你们那里可以刷交通银行信用卡吗？"饭店服务员答复说："我们这里可以刷所有银联的信用卡。"于是妈妈就很有把握地说他们那里可以刷交通银行的信用卡。

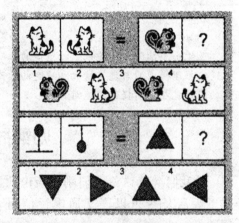

◆一幅有趣的图形演绎推理图，你尝试着做做看，正确答案见 121 页

我们可以改变这段话的表达形式，这能让它符合于古希腊哲学家亚里士多德提出的三段论推论式。

前提 1：这家饭店可以刷所有银联的信用卡。

前提 2：交通银行信用卡是银联的一种信用卡。

结论：这家饭店能刷交通银行的信用卡。

亚里士多德关心的是能够产生有效结论和陈述之间的逻辑关系。演绎推理包括这样的逻辑规则的正确使用。信用卡的例子表明我们完全能够得出具有合乎逻辑、演绎证明形式的结论，但这是绝对正确的方法吗？

探讨——三条腿的"花花"是狗吗？

◆三条腿的"花花"是狗吗？

我们按照亚里士多德的三段论，也来讨论一下下面这个事实。一条叫"花花"的狗因为意外事故失去了一条腿，现在只有三条腿，而我们所认为的狗都是有四条腿的。

前提1：狗都有四条腿

前提2："花花"有三条腿

结论："花花"不是一条狗。

而按照通常的观点，"花花"应该还是一条狗的，那问题出在什么地方呢？

亚里士多德的三段论依赖于前提的正确性和推理过程的正确性。因此这个通过逻辑推理得出的与现实情况相冲突的结论必然在哪一个环节上出了问题，而这里的问题就在于前提的不绝对正确。

归纳推理

让我们继续讨论我们刚才谈论的那个关于饭店是否可以刷交通银行信用卡的问题。

现在假定你一家人已经到了饭店外面，并且妈妈确实想用信用卡来付餐费，但是饭店外面没有贴相关的告示。妈妈也许会通过饭店的窗户向里面看一看，饭店里面衣着考究的顾客比较多，也看到菜单上的比较昂贵的价格，而且根据经验消费高的地方一般都会接受信用卡。那么所有这些通过观察所得到的信息让你相信这家饭店会接受交通银行的信用卡。这有别于刚才

◆英国哲学家弗兰西斯·培根（Francis Bacon，1561－1626）对归纳推理的发展有重要影响

讲到的演绎推理，因为这不是通过逻辑推理得来的，而是通过归纳得来的。这种推理方式被称为"归纳推理"。

归纳推理法一直都摆脱不了偶然性的困扰。比如说，我们看到了 1000 只天鹅是白色的，所以我们归纳说天鹅都是白色的。但是有一天突然出现了一只黑色的天鹅，那么我们通过归纳得出的结论就错了。这也如同刚才"花花"的问题，因为前提"狗都有四条腿"是通过归纳得出的，因此它不是绝对正确的。

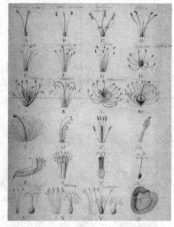

◆生物分类学家就是用归纳推理法来处理收集到的材料

虽然归纳推理的有效性一直受到很多人的批评，但无论是在生活中、在数学计算中，还是在科学研究中，归纳法都得到了广泛的应用。我们在生活中要靠归纳法来总结经验，数学家要靠归纳法来解一些数学问题，科学家要靠归纳法来进行实验探究和发现科学规律。

答案

119 页的两个空格都选图形 1，你做对了没有哦？

游离的边缘——天才与疯狂

◆天才梵高的名画:《星空》

大家还记得前面讲过的智力测试与天才的关系吧。但有些天才如果去做心理学家给出的智力测试题却并不一定能得到很高的分数。心理学家考察了著名的艺术家罗伯特·苏曼,发现这位艺术家却患有被称为双向障碍的"躁狂—抑郁症"。而艺术家梵高更是患有严重的精神疾病。而翻开历史,我们似乎总能看到许多伟大的作品都和情绪紊乱有关。为什么会这样呢?这又能说明什么问题?

什么是天才?

我们所说的天才一般就是指拥有一定的天赋(一般认为这不是可以通过学习和经验得到的东西),即那些生来就拥有优秀的创造力和想象力的人。智力测试流行以后,人们就认为一般智商在 80 到 120 之间叫做正常,其中 110 到 120 属于较聪明,达到 130 叫做超常,超过 140 叫做天才。

现代精神分析学理论认为:天才的发生是由于自己和环境之间激

◆英国物理学天才斯蒂芬·威廉·霍金(Stephen William Hawking, 1942—)21 岁就患上了"卢伽雷氏症"

烈冲突的结果，在这一点上与神经症和精神病相似。但天才解决这种冲突的方式与一般的精神病人不同，其症状和导致的后果都是对社会有益的，因而天才能受到社会的尊重。研究表明，天才人物较常人更容易发生精神病、体质虚弱和畸形等情况。

而医学家也以他们的研究成果给出了对天才的解释。据《自然医学》杂志报道：加拿大医学家研究发现，许多有精神障碍的天才极有可能是基因排列失常造成的。而得了这种先天病的患者自出生起体内的 7 号染色体就少了 20 个基因。这些人虽然有某些方面的障碍以及易患精神方面的疾病，但同时也可能就是他们的智力得以迅速提升的直接诱因，并因此而产生了天才的艺术家、数学家和科学家。

天才的苦恼

2010 年，美国高盛公司统计了世界上最聪明的 1000 个天才，囊括了科学、文学、艺术等名个领域的顶级天才，最后总结出天才与一般人不同的 5 个特征：

（1）孤独感。据统计，1000个天才中有 896 人感到非常孤独，几乎没有哪个天才可以完全融入人群。

（2）性观念混乱。这些天才中有很多是同性恋、双性恋、恋童癖、恋物癖……总之，没有几个是正常的异性恋者，很多天才终身未婚。

（3）有孤僻的童年。很多天才由于过于超群，童年时要么被玩伴孤立，要么本人看不起其他小朋友。

◆荷兰天才艺术家文森特·威廉·梵高（Vincent Willem van Gogh, 1853—1890）一生饱受精神疾病折磨

（4）轻度人格分裂。天才们为了掩盖自己的光芒，与外界相处时往往展现出的是另一种性格。

（5）偏执狂。天才们内心深处极度自信，在某些方面会表现出偏执的倾向。

天才与后天学习

虽然前面讲到天才的许多特征并不是后天能通过学习得来的，但是这并不意味着天才生来就是有才华的，也不意味着天才是具有创新能力的知识分子。所有的天才都是自己培养自己的，不是被教育出来的，天才是在自由环境中自然成长起来的。一般天才具有以下两个特点：

（1）感觉敏锐，富有激情。这是天才之所以能够成为天才的先天要素。

（2）自然成长，并以自己的方式获取大量知识。这是成就天才的后天要素。

因此天才是生来的天赋和后天的努力紧密结合起来的。虽然天才一出生就比别人的智商高，但如果不再发掘，不再探索，那他的智商发展就会停滞不前。

假如一个天才 2 岁的时候智商就相当于一个正常的 18 岁人的智商，但如果他没有进行训练，可能到了 18 岁的时候他的智商仍然还是跟当初一样，于是就变成一个平常人了。

典故

江郎才尽

南朝的江淹，字文通，他年轻的时候就成为了一个鼎鼎有名的文学家，他的诗和文章在当时获得了极高的评价。可是，当他年纪渐渐大了以后，他的文章不但没有以前写得好了，而且退步不少。他的诗写出来平淡无奇；而且提笔吟握好久，依旧写不出一个字来；偶尔灵感来了，诗写出来了，但文句枯涩，内容枯燥无味。从此人们就用"江郎才尽"来形容一个人少年时候很有才华，老来却碌碌无为。

名人名言——天才眼中的天才

独立性是天才的基本特征。——歌德

哪里有天才，我是把别人喝咖啡的工夫都用在工作上的。——鲁迅

精神的浩瀚、想象的活跃、心灵的勤奋就是天才。——狄德罗

天才的十分之一是灵感，十分之九是血汗。——列夫·托尔斯泰

最大的天才尽管朝朝暮暮躺在青草地上，让微风吹来，眼望着天空，温柔的灵感也始终不来光顾他。——黑格尔

历史早已证明，伟大的革命斗争会造就伟大的人物，使过去不可能发挥的天才发挥出来。——列宁

没有加倍的勤奋，就既没有才能，也没有天才。——门捷列夫

◆智慧，勤劳和天才，高于显贵和富有。——贝多芬

天才免不了有障碍，因为障碍会创造天才。——罗曼·罗兰

敢于冲撞命运才是天才。——雨果

划分天才和勤勉的界线迄今尚未能确定——以后也没法确定。——贝多芬

人才进行工作，而天才则进行创造。——舒曼

他有着天才的火花！你知道这是什么意思？那就是勇敢、开阔的思想，远大的眼光……他种下一棵树，他就已经看见了千百年结的果，已经憧憬到人类的幸福。这种人是少有的，要爱就爱这种人。——契诃夫

庄周梦蝶——思维与梦境

我们经常会在某个夜晚进入复杂的梦的世界。这梦中的世界曾经只是预言家探究的领域，现在却已经逐渐成为了科学家的一个极其重要的研究领域。现代的许多关于梦的研究都是在实验室进行的。虽然梦在生活中经常出现，但是又极度虚幻，我们就要问，对梦的研究有意义吗？科学家的回答几乎总是"是的"，因为梦对研究人的思维有着重要的意义。现在就

◆直到心理学涉足梦境，梦里出现的奇妙景象才开始慢慢显现出它的本来面貌

让我们来回顾一下历史上都有哪些人对梦进行过研究和尝试。

知识"热身"——庄周梦蝶

◆庄周梦蝶

庄子在《庄子·内篇·齐物论第二》中讲了一个故事："昔者庄周梦为蝴蝶，栩栩然蝴蝶也。自喻适志与！不知周也。俄然觉，则蘧蘧然周也。不知周之梦为蝴蝶与？蝴蝶之梦为周与？周与蝴蝶则必有分矣。此之谓物化。"

其大意就是庄子一天梦见自己变成了蝴蝶，梦醒之后却发现自己还是庄子，于是他就搞不清楚自己到底是梦到蝴蝶的庄子，还是梦到庄子的蝴蝶。在这里，庄子提出了一个哲学问题——人如何认识真实？如果梦足够真实，人就没有任何能力知道自己是在做梦。

在一般人看来，一个人在醒时的所见所感是真实的，梦境是幻觉，是不真实的。庄子却不以为然。虽然醒是一种境界，梦是另一种境界，二者是不相同的；庄子是庄子，蝴蝶是蝴蝶，二者也是不相同的。但在庄子看来，这两者都只是一种现象，是"道"在运动中的一种形态，一个阶段而已。

远在 2000 多年前的庄子就用故事的形式向我们提出了这样的问题，我们现在所思维的一切真的都是梦境一场吗？怎样保证我们所经历和想的一切都不是梦而是现实呢？

弗洛伊德——梦的分析

现代西方有关梦的最杰出的研究理论源于弗洛伊德。弗洛伊德称梦为"瞬时的心理现象"和"夜夜发狂"。他在精神分析的基础上对梦进行了分析，他的经典著作就是《梦的解析》。弗洛伊德将梦中出现的情景视为被思维压抑的最强烈的、无意识的愿望的符号的表达。因为这些愿望被我们的思维禁止表达，所以它们

◆弗洛伊德是一个心理决定论者，他认为人的梦境与日常活动和人的本能有紧密的因果关系，图为一个小学生描绘的自己的梦境试着用弗洛伊德的理论来解释

便以伪装的形式出现。在梦里有两股动力：愿望和抵抗愿望的审查。思维就是这个审查官。

弗洛伊德认为人类的心理活动有着紧密的因果关系，没有一件事是偶然的，梦也不例外。梦绝不是偶然形成的联想，而是愿望的达成，在睡眠时，超我的检查松懈，潜意识中的欲望绕过抵抗，并以伪装的方式，乘机闯入意识而形成梦，可见梦是清醒时被压抑到潜意识中的欲望的一种委婉表达。梦是通向潜意识的一条秘密通道。通过对梦的分析可以窥见人的内部心理，探究其潜意识中的欲望和冲突。通过释梦可以治疗神经症。

释梦的非西方途径

在心理学专业的学生专门进行梦的研究之前，西方社会中的许多人也许从来没有严肃地思考过他们的梦。与此形成鲜明对比的是，在许多非西方的文化中，释梦却是他们文化中极其重要的一部分。下面我们考察一下厄瓜多尔的印第安人日常的一次释梦活动：

◆美洲印第安人通过释梦来领悟神给他们的启示

像每一个早晨一样，村里的男人们围坐成一个小圈，他们一起分享前一晚的梦。这种对梦进行分享的日常仪式在他们的生活中是非常重要的。他们的信念是，每个个体的梦都不是他们自己的，而是整个团体的。个体经验服务于集体的行动。

在这些早晨的聚会中，每个做梦者讲出他的梦而对其他人提供解释，希望达到某种对梦的意义的共识。

思维与梦的生理学基础

先回忆一下我们先前学过的关于思维的生理学基础，思维是大脑活动的产物。有人认为梦只是大脑活动的副产品，这是真的吗？梦有自己特殊的意义吗？

心理学家霍布森和麦卡利提出了关于梦的"激活－整合模型"。这种模型认为从脑干发出神经信号，刺激脑的皮层区域。这些电信号的发放每 90 分钟自动地发生，并保持 30 分钟左右的激活。这时，它们激活做梦者过去经验的记忆和联系。按照霍布森和麦卡利的观点，这些随机发放的电"信号"没有逻辑的联系。

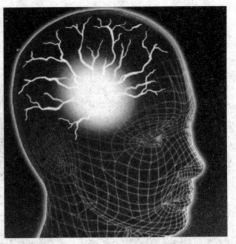

◆按照霍布森和麦卡利的观点，梦是脑干发出的电信号产生的随机结果

关于梦的趣事

梦的原理虽然有些让人琢磨不透，但是一些关于梦的趣事却广泛流传，许多人报告说他们对一些重要问题的解决或是有趣的新思想是在梦中出现的。

凯库勒这样描述他在梦中发现苯的令人困惑的化学结构的过程：一个蛇样的分子突然抓住了它自己的尾巴，于是构成了一个苯环。而

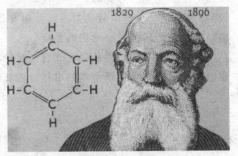

◆德国化学家凯库勒（FriedrichA·Kekule，1829—1896）和他梦中发现的苯环结构

发明家赫威做的梦是这样的——他正在被尖上有洞的矛戳着——这使他完善了他的缝纫机发明。作曲家莫扎特和舒曼曾经也报告说一些重要的音乐思想是从梦中得来的。

广角镜——清醒梦境理论

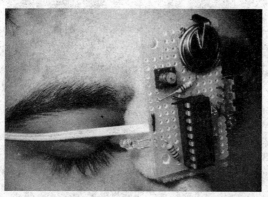

◆拉伯格的被测试者

当你做梦的时候你知道自己正在做梦，这可能吗？支持"清醒梦境理论"的研究者已经说明有意识地知道一个人正在做梦是一种可以学习到的技能——可由常规的练习所完善——使做梦者控制他们梦的方向。心理学家拉伯格就是其中之一。

拉伯格采用各种方法来引起被测试者的"清醒梦境"。他给睡眠者戴上特制的目镜。当目镜察觉到被测试者在睡眠时，目镜就闪烁红灯。被测试者在做实验前已经知道红灯是让他们意识到他们正在做梦的提示。这样当被测试者察觉到红灯亮时，尽管被测试者还没有完全清醒，但他们已经进入了所谓的"清醒梦境"，这时他们可以控制自己的梦，按照他们自己想要的目标引导梦，并使梦的结果符合他们的愿望。

拉伯格认为，这样的研究表明，对梦的控制是一件有益于人的思维和健康的事，因为它有利于增强个人的自信，而且这也让梦给个人带来了美好的体验。

继往开来——心理学的历史与未来

心理学有一个漫长的历史，但却只有 100 多年的岁龄。虽然早在 2000 多年前的古希腊希波克拉底就提出了心理学的一些范畴，但在 19 世纪以前，心理学的问题多半是在哲学领域内讨论的，所用的是思辨和经验概括的方法。当时流传着一种信念，认为实验的方法对研究心理现象是不适用的。文艺复兴以后，在欧洲出现的唯物主义哲学思潮和自然科学的发展，孕育着 19 世纪末叶实验心理学的诞生。直到 1879 年，德国的威廉·冯特（Wilhelm Wundt，1832—1920）在莱比锡大学建立心理研究所，标志着科学心理学的诞生。实证研究方法的运用是这一学科成为科学的

◆心理学之父——德国心理学家威廉·冯特

转折点。其后的 100 多年，心理学门派纷争并且高度发展，学科体系也进一步完善，冯特也是第一个将自己称为"心理学家"的人。而心理学却在这短暂的 100 多年内迅速波及全世界，成为当今世界最为热门的学科。

实验心理学的建立

1860 年，费希纳在《心理物理学纲要》中提出了心理学独特的研究方法——心理物理法。1875 年，詹姆斯在美国哈佛大学建立了为演示用的心理学实验室，但由于冯特对用实验方法研究心理学做了组织和提倡的工

作，所以人们仍把1879年他在德国莱比锡大学建立的第一个研究心理学实验室作为心理学从哲学中分化出来成为一门独立学科的标志，并把冯特称为实验心理学的创始人。

冯特和他的学生铁钦纳认为，心理学应研究人的直接经验，心理学要寻求的是如何把意识分解为最简单、最基本的元素。为了达到这个目的，他们的心理实验就是在控制条件下用内省法，凭直接经验把意识内容分析成心理元素。

他们主张被试者所要描述的是由刺激引起的想法而不是刺激本身，否则就是犯了"刺激错误"。他们认为一切感觉都具有一些基本特性，例如品质、强度、广延性、持续性和清晰性等。为了保证结果准确，必须进行实验，因为实验是可以重复的。实验重复的次数越多，经验就越清晰，对经验的描述也就越准确。

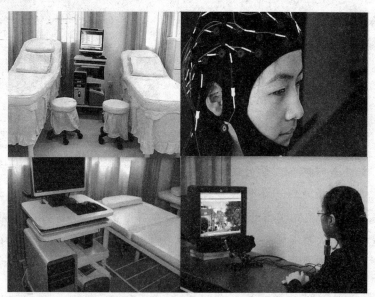

◆经过100多年的发展，大量的高科技设备越来越广泛地应用到现代心理学研究中

认识你自己——思维与心理学

点击——动物与心理学实验

早期的心理学实验都是在动物身上进行的，心理学家桑代克和巴甫洛夫发展的都是关于动物学习的实验方法，都是把特定的情景和特定的反应联系起来。其不同处在于巴甫洛夫的实验中与某种反应联系起来的情景是由主试呈现的，而桑代克在猫身上所做的实验中的情景是由被试偶然发现的。前者可以说是古典的条件反射法，而后者则为工具或操作条件反射法的先驱。过去认为，古典条件反射只限于研究动物身上由自主神经系统控制的反射性反应，而工具条件反射则只研究与骨骼肌肉相联系的随意反应。

新势力——弗洛伊德的观点

尽管实验心理学取得了巨大成功，但这并不是心理学的全部。弗洛伊德所开创的精神分析学派被认为是心理学的另一个最重要的分支之一。

弗洛伊德原本是一名精神病专家，直到1895年他才出版了他的第一部论著《歇斯底里论文集》。他的第二部论著《梦的解析》于1900年问世，

◆弗洛伊德的著作在全世界范围内广泛流传

这是 20 世纪最有创造性、最有意义的论著之一。虽然该书刚出版时滞销，但是却大大地提高了他的声望，他的其他重要论著也相继问世。他的学生——荣格和阿德勒成为对后世影响最大的两位心理学家。弗洛伊德对心理学作出了很大贡献，用简短的文字很难加以概括。

由于弗洛伊德的许多学说仍存在着很大争议，因此很难估计出他在历史上的地位。他有创立新学说的杰出天赋，是一位先驱者和带路人。但是弗洛伊德的成就与达尔文和巴斯德的不同，他的学说从未赢得过科学界的普遍认同，所以很难说出他的学说中有百分之几最终会被认为是正确的。尽管对弗洛伊德的学说一直存在着争论，他仍不愧为是人类思想史上的一位极其伟大的人物。

广角镜——精神分析法与精神病

弗洛伊德创造了用精神分析法来治疗精神病的方法。他系统地论述了人的个性结构学说，还发展和普及了一些心理学学说，如有关焦虑、防御功能、阉割情绪、抑制和升华等，在此不必一一列及。

他的著作广泛地引起了人们对心理学的兴趣，而对他提出的许多观点却一直饱受争议。他的心理学观点使我们对人类思想的观念发生了彻底的革命，他提出的概念和术语已被普遍应用——例如，本我（Id）、自我（Ego）、超我（Super—Ego）、恋母情绪（Oedipuscomplex）和死亡冲动（DeathDrive 或 DeathInstinct）。精神分析法实际上是一种代价极高的治疗方法，因此往往无效。但是也有许多成功的事例应当归于这种方法，这是毋庸置疑的。

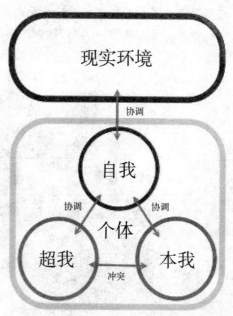

◆弗洛伊德提出的概念在全世界范围内得到了广泛应用

格式塔心理学派

格式塔心理学派强调整体并不等于部分的总和，整体乃是先于部分而存在并制约着部分的性质和意义。这一观点在一定范围内来说是符合客观事实的。格式塔心理学家们从这一观点出发，坚决反对对任何心理现象进行元素分析，这对于揭发心理学内的机械主义和元素主义观点的错误具有一定的作用。

目前在一般心理学教科书内所讲述的一些有关知觉的规律知识，例如似动现象的发生、知觉过程中图形和背景的

◆从整体和部分分别看这幅图会得到不同的结论，而这正好表达了格式塔心理学观点。你能从中看到些什么呢？

关系的意义等，基本上都是来源于格式塔学派的思想。此外，心理学家苟勒的"顿悟"和韦特墨提出的"创造性思维"对学习的研究也有某种程度的影响。

格式塔心理学派的代表人物有皮亚杰、马赫、厄棱费尔和魏特曼等，西方学者通常把皮亚杰、巴甫洛夫、弗洛伊德一起奉为当代心理学的三大巨人。

现代心理学发展动向

心理学的繁荣和进步是明显的，但现代心理学的问题和困境也是有目共睹的。其中，最严重的问题当属心理学的分裂和破碎。现代心理学继续

◆现代心理学各学派之间裂痕就如逐渐干涸的池塘底一样越来越明显

沿着分裂的路线越走越远。第二次世界大战以后，原来的流派争吵趋于缓和，取而代之的是一种折衷主义的态度。但在折衷主义的掩盖之下，西方心理学的分裂现象越来越明显。

点燃智慧的火光

——创造力开发训练

你想拥有一个充满创造力的头脑吗？你羡慕科学家和发明家们的那活跃的思维吗？那么接下来跟随着创造学的锻炼，你一定会拥有一个睿智的头脑。

美国当代著名科普作家阿西莫夫说："21世纪可能是创造的伟大时代，那时机器将最终取代人去完成单调的任务，电子计算机将保障世界的运转，而人类则最终得以自由地做非他莫属的工作——创造。"创造，正是我们思维中最闪闪发光的珍珠；创造，也是全人类高度智慧的结晶。翻开世界几千年的文明史，我们在不同的国度、不同的时代都可以看到人类创造的奇光异彩及她的不朽功勋。

在这一章，我们就通过创造学的方法来对思维进行最后的打磨和系统思维训练。

百变魔方——组合创造能力训练

通过对已知事物或信息要素之间的组合，使组合物在性能或功能方面发生变化的创造技法，就是组合创造法。按照组合要素的特点，有产品组合和信息交合两类方法。下面我们将介绍主机添加法、同物自组法、异类组合法和重组组合法。

组合创新是很重要的创新方法。有创造学研究者甚至认为，所谓创新就是人们把认为不能组合在一起的东西组合到一起。日本创造学家菊池诚博士说

◆搭积木就是一种早期组合能力训练

过："我认为搞发明有两条路，第一条是全新的发现，第二条是把已知其原理的事实进行组合。"近年来也有人曾经预言，"组合"代表着技术发展的趋势。

螺旋传动轴的发明——主体添加法

◆螺旋转动轴的发明就是通过主体添加法实现的

以一个东西为主体，再添上另一种附加属性实现组合创造，这就叫主体添加法。滚动螺旋传动的发明就是主体添加法的一次成功应用。

所谓螺旋转动是将回转运动转变为直线运动的一种机械传动方式。普通螺旋传动依靠摩擦力带动传动，在传动过程中不但效率低下，而且灵敏度不高，寿命也短。为了克服这些缺点，发明家们做了大量的工作，于是就有人利

用主体添加法发明出新型的滚动螺旋传动。

滚动螺旋传动比滑动螺旋传动更优异的地方就在于前者在螺杆和螺母之间添加了一些滚珠，使滑动摩擦变成滚动摩擦。这种新型丝杆传动具有传动效率高、启动力矩小、传动灵敏、工作寿命长等优点，在机床、汽车、航空等领域中得到了广泛应用。

三轴电风扇的发明——同类组合法

◆360 风扇

普通电风扇因为只有一面叶片，所以只能向一个方向送风，即使加上摇头装置，也无法同时向多个方向送出凉风。台湾一个公司在制造电风扇时，应用了组合法的思路，将三个页面的风扇组合在一起发明了三轴电风扇。

这种电风扇以一个强力主马达经精密特殊的传动，带动三面叶片同时运转送风，通过电脑控制，可使三面叶片作 360°回转向三个方向同时送风，以加速空气对流。与一般电风扇相比，这种"球面魔扇"显然具有许多普通电风扇不能比拟的优点。

异类组合法

相对主体添加和同物自组来说，异类组合的创造性更强。异类组合法可以把不同种类的产品合二为一，甚至能把看起来风马牛不相及的东西组合在一起，并最后产生强大的创造力。我们下面以医用 CT 扫描仪的发明来举例说明。

在医学上一直存在这样的困难，即用普通的 X 光机和单独使用电子计算机都无法对人脑内的疾病病灶进行诊断。但是，发明家豪斯菲尔德却成功将这二者组合起来，发明出 CT 扫描仪。有了这种仪器后，人类脑内疾病诊断难题便迎刃而解，医学界多年梦寐以求的理想成为了现实。CT扫描仪被誉为是20世纪医学界最重大的发明创造成果之一。

综合并不是随便把不相干的东西拼凑在一起，而应该是对某一个整体的各个部分或要素进行某种连接。正如恩格斯所说："思维，如果它不做蠢事的话，只能把这样一种意识的要素综合为一个统一体，在这种意识的要素或它们的现实原型中，这个统一体以前就已经存在了。如果我们把刷子综合在哺乳动物的统一体中，那它绝不会因此就长出乳腺来。"

知 识 窗

构件家具

为了体现主人的个性审美观念，人们开发了新型构件家具。一种典型的构件家具由20多种基本板件构成，通过不同的组合，能拼装出数百种款式。它还配有不同的具有标准室内高度的隔板，可用它改变居室结构。这样看，人们不仅拥有可以随意改变式样的家具，也拥有随便改变格局的房间。

点击——电冰箱的改进

任何产品都可以看做是由若干部件构成的整体。各组成部件之间的有序结合是确保产品质量和实现功能的必要条件。如果对产品内部的结构因素按照新的方法和次序进行构造，也许就能创造出具有新功能的产品。电冰箱的改进设计就应用了这样的创造思想。

在最开始，电冰箱一般都是上冷下"热"，即温度较低的冷冻室在上，而温度较高的冷

◆现代电冰箱冷冻室都在下层

藏室却是在下面，这样的设计有许多弊端。后来，一家家电公司对电冰箱的结构进行了重新设计和组合，开发出了冷藏室在上，冷冻室在下的上"热"下冷式电冰箱。

经过重组后的电冰箱的优点立即就凸显出来，迅速取代上冷下"热"式冰箱。上"热"下"冷"式电冰箱有多种优点。其一，增加了用户使用的方便性。电冰箱在实际使用中常用的还是冷藏室，冷藏室在下时用户要弯腰取放东西，冷藏室放在上面就方便了用户的日常使用。其二，冷冻室通常会产生化霜水，冷冻室放在下面，化霜水就不会流到冷藏室对冷藏室内的东西造成污染。其三，冷冻室下置方案利用了冷气下沉原理，使负载温度回升时间比一般电冰箱延长一倍，减少耗电，节约能源。

他山之石可以攻玉
——联想类比能力训练

200 多年前，医生在诊断心、肺疾病时，由于没有听诊器而只能用双手摇动病人的身体，然后将耳朵贴在病人的胸口听。这种办法虽然利于诊断，但如果病人有心脏病，这一番折腾却有可能危及病人生命。医生们为此伤透了脑筋。后来一位年轻的法国医生何内·雷纳克（René Laennec，1781—1826）有一天带女儿去公园玩，他看见一群孩子

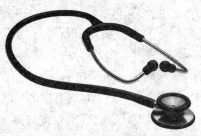

◆现代的听诊器，它的发明源自一个医生的"偶然"发现，联想类比思维帮了这个医生的大忙。

在做游戏，一个孩子在跷跷板的一端用东西敲击，另一端的孩子把耳朵贴在木板上倾听。原来，木头能清晰地传递声音。他想，是不是同样的原理也可以用到诊断疾病上？经过试验，他制成了第一个喇叭形听筒，一头贴在病人身上，一头塞在医生耳朵里，于是世界上第一个听诊器诞生了。1819 年，雷纳克的专著《心肺病的听诊法》出版，人类对心肺病的诊断由此而迈进了一大步。

动物细胞核是如何被发现的

德国生物学家施莱登（Matthias Jakob Schleiden，1804－1881）在一次实验中发现了植物细胞核，他把这个消息告诉了他的同事、德国生物学家施旺（Schwann Theodor，1810－1882）。正在从事动物细胞研究的施旺立即感到这对于他的研究将有重大影响。因为依据类比推理，植物和动物都是由细胞构成，植物有细胞核，那

> 细胞核是细胞内的遗传物质的储存地点，对生物的遗传和变异有决定性作用。

么动物也应该有细胞核。于是施旺便开始对他动物细胞核的假设进行验证，后来他果然在动物细胞中发现了细胞核，为动物细胞研究作出了贡献。

类比联想与文艺创作

文学大师老舍和艺术大师齐白石是好朋友。一天，老舍去看望齐白石，并且请他以"蛙声十里出山泉"为题作画。老舍说要在画中听出声音，这对一般人来说确实是一个难题。

齐白石当然不是徒有虚名。他经过几天的揣摩推敲，终于一挥而就。打开画，首先只见一泓清泉顺着充斥着乱石的山涧蜿蜒而下，其中见点点蝌蚪夹杂其间欢快下游。大师就是大师，画间不见一只青蛙，但却充分调动了赏画人的联想力，让赏画人似乎听到了这些蝌蚪在山泉的滋养下很快变成青蛙鸣出的充满山涧的声音。

假如画家以写实的手法在画布上描绘出几只张着大嘴巴、鼓着大肚子的大青蛙就听不到老舍所想听到的声音了。

名人介绍
齐白石

齐白石（1864—1957），湖南湘潭人，20世纪十大画家之一，世界文化名人。齐白石1864年1月1日（清同治三年癸亥冬月廿二）出生于湘潭县白石铺杏子坞，1957年9月16日（丁酉年八月廿三）病逝于北京，终年93岁。宗族派名纯芝，小名阿芝，名璜，字渭清，号兰亭、濒生，别号白石山人，遂以齐白石名行世；并有齐大、木人、木居士、红豆生、星塘老屋后人、借山翁、借山吟馆主者、寄园、萍翁、寄萍堂主人、龙山社长、三百石印富翁、百树梨花主人等大量笔名与自号。

◆齐白石的"蛙声十里出山泉"

生活百科——引人的广告

现代生活中无处不充斥着大量的广告，为了吸引顾客的眼球，各个广告公司可谓是费尽心机。比如就有这样的广告——画面上一个摩登女郎一头飘逸的长发随风飞舞，虽然你知道这是洗发水公司的把戏，却仍然能为之动心。

江苏省一家化妆品厂生产了一种珍珠化妆品，这种化妆品用料考究效果明显，但是投放香港市场后却销路不佳。于是这家公司就精心设计了一则广告："太湖珍珠，天下第一。"太湖在港澳同胞心中形象极佳，于是人们自然顺理成章地联想，美水育珍珠，珍珠护佳颜，顿然间这家公司的产品在港澳地区销量大增。这样的事例还有很多。在 20 世纪 30 年代的上海

◆说说这张广告图片会让你想到什么？

滩，一家新开张的出租车公司"祥生汽车公司"为了招揽生意打出了这样的广告："四万万同胞请打 40000"。公司老板还花重金购得了这一特殊号码，一语双关，顿时博得了消费者的欢迎。"祥生"很快就成为上海最大的一家出租车公司。

类比创新

在科学发现中，创新的思维是非常重要的。法国物理学家欧姆在研究的时候把关于电的研究和法国数学家傅立叶关于热的研究加以类比。傅立叶假设热流量与温度梯度成正比，用数学方法建立了热传导定律。欧姆则用电流量对应热流量，用电位对应于温度，终于发现了电流和电压成正比的欧姆定律。

◆现代广泛应用的欧姆表

点击——究竟什么是类比

　　创造学家们对于类比法的关注自然是非常明显的。他们认为类比法有以下三条原则。

　　1. 类比对象间相似或相同的属性越多，结论的可信度就越高。类比的过程实际上包含着归纳和演绎。这就需要被类比的事物相似或相同的属性在数量上尽可能多些，涵盖面尽可能广些，从个别到一般个别的推理过程中，发现事物间的联系。

　　2. 类比事物的属性，应是事物的本质属性。事物的本质属性决定了事物发展的本质。类比要尽量用事物的本质属性进行类比。有人推论说，地球是圆的，有人居住；太阳也是圆的，因此太阳上有人居住。这种类比之所以错误就因为这种类比没有抓住事物间的本质属性。

　　3. 类比应该不仅仅关注事物间的相似的属性，更应重视类比事物间关系的相似。仅仅是根据两类对象的相似属性而进行的简单推演，并没有反映对象间的本质联系，也不会得到有质的飞跃的发明创造。

细细道来——问题列举能力训练

通常我们要学会提出问题，然后分析问题，最后才能解决问题。由此看出提出问题是重要的基础。今天我们在这里就要讲到一种提出问题的方法——问题列举法。

问题列举法，就是把事物列出来，举其要素分别加以分析研究的一类创造方法。它通过对问题的自由列举，激发人们的发散思维，同时在收敛思维的帮助下获得所需要的新信息。按照列举问题的特点，可以有不同的问题列举方法，其中常用的有缺点列举法、希望点列举法和特性列举法。

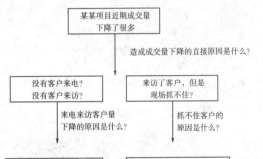

◆列举法第一步就是把要把遇到的问题一一写出来。图为一个销售人员在解决问题时将问题列举出来并进行拆解分析

催人进步的力量——缺点列举

说到缺点，许多人都有一种避之唯恐不及的心态。其实缺点是促发进步的一种重要力量，正是由于缺点得到改正才产生了进步。缺点列举法正是应用了这样的原理。缺点列举法是通过列举事物的缺点得到改进方案的一种方法。任何事物总有缺点，而人们总是期望事物能至善至美。这种客观存在着的现实与愿望之间的矛盾，是激发人创造力的一种重要动力。

案例介绍——床垫的创新

◆现代床垫一般都有凹凸结构

20世纪80年代，日本的席梦思床垫市场完全被西欧占领了，日本本土的床垫公司愁眉苦脸。最终，日本西川公司研发的凹凸床垫使日本床垫公司占得了一席之地。

西川公司的研发人员从运输鸡蛋的包装垫上得到了启示，于是就在床垫上设计出了一个个蛋状的突起物。人睡在上面，身体被许多凸起物托住使人体的压力分散，凸起物之间的空隙又可以使空气流通，因而睡得很舒服。这种用富有弹性的材料制成的新式床垫被公司送到医院进行临床试验，受到了病人的一致好评，推广到市场后取得了巨大的成功。

特性列举法

特性列举法是一种基于任何事物都有其特性，将问题化整为零，有利于产生创造性思想等基本原理而提出的创造技法。

比如想要革新一台电脑，如果只是笼统地想革新整台电脑，恐怕十有八九不知道该如何下手。如果将电脑分成各种要素，如CPU、内存、主板、显示屏、键盘等，然后再逐个研究改进办法，则能有效地进行创造性的思考。

希望点列举

希望点，就是人们心理期待达到的某种目的或出现的某种情况，是人类需要心理的反映。希望点的背后便是新问题和新矛盾。从社会或个人需要出发，通过列举希望点来形成新概念或新课题的创造方法，就叫做希望点列举法。

趣闻——林间小曲

美国人费涅克喜欢外出旅游，他讨厌城市的生活，喜欢到人烟稀少的山林之中倾听大自然的声音。他觉得在大自然的怀抱中，自己显得格外轻松舒适。

◆现代高节奏的城市生活让许多人怀念起自然的节奏和风光，费涅克根据人们的希望点为自己赢得了商机

一天，他突发奇想，这样好的美景能不能为自己带来财富呢？他仿佛发现了一座宝藏。

他带上立体录音机，在山林之中录下了许多小溪、小瀑布、鸟啼的声音，然后回到城里复制出录音带，并冠以"林间小曲"出售。意想不到的是这些朴实无华的"曲子"立刻受到了许多人的青睐和追捧，为费涅克带来了滚滚财富。

费涅克的成功之处就在于他看到许多城市居民希望摆脱各种工业社会噪音的干扰。费涅克的录音带，虽然没有乐曲的旋律，但能把人们带进大自然的美妙境界，有让人回归大自然去品味。有些失眠者反映，在水流声的陪伴下就能慢慢进入梦乡，比安眠药更有效。费涅克正是抓住了人们的希望点，于是获得了成功。

思维狂想——头脑风暴训练

◆一幅设计师在开始设计前进行的一次头脑风暴训练

为典型的一个。

头脑风暴法又称智力激励法、BS法、自由思考法，是由美国现代著名创造学家奥斯本（Alex Faickney Osborn, 1888—1966）于 1939 年首次提出、1953 年正式发表的一种激发思维的方法。这种方法经过全世界创造学家的研究和发展，至今已经形成了一个知识集群，如奥斯本智力激励法、默写式智力激励法、卡片式智力激励法等等。

在群体决策中，由于群体成员心理相互作用的影响，易屈于权威或大多数人的意见，形成所谓的"群体思维"，从而损害了决策的质量。为了保证群体决策的创造性，管理学上发展了一系列改善群体决策的方法，头脑风暴法是较

头脑风暴的激发

根据 A. F. 奥斯本及其他研究者的看法，激发思维主要有以下三种途径。

联想反应

联想是产生新观念的基本要求。在集体讨论问题的过程中，每一个新提出的观点往往都能引发他人的联想，并相继产生连锁反应，形成新观念堆，为创造性地解决问题提供了更多的可能性。

点燃智慧的火光——创造力开发训练

热情感染

在不受任何限制的情况下，集体讨论问题往往能激发人的热情。人人自由发言，相互影响，相互感染，能形成热潮，突破固有观念的束缚，最大限度地发挥创造性的思维能力。

竞争意识

心理学的原理告诉我们，人类有争强好胜心理，在有竞争意识的情况下，人的心理活动效率可增加 50％或更多。在有竞争意识的情况下，人人争先恐后，竞相发言，不断地开动思维机器，从而能得到许多有独到见解的新奇想法。

◆幼儿教师运用了大量方法激发幼儿智力

◆头脑风暴法也应用在汽车设计上。这幅图就是一家汽车公司正在采用头脑风暴法设计汽车

头脑风暴法的基本原则

头脑风暴法认为，个人的欲望自由不受任何干扰和控制是非常重要的。头脑风暴法有一条原则，不得批评仓促的发言，甚至不许有任何怀疑的表情、动作、神色。这就能使每个人畅所欲言，提出大量的新观念。

头脑风暴法还禁止批评和评论别人提出的任何想法，即使自己认为别人的想法是幼稚的、错误的，甚至是荒诞的设想。要彻底防止一些诸如"这根本行不通"、"你这想法太可笑了"、"这是不符合科学"的语句在会议上出现。只有这样，与会者才可能在充分放松的心境下集中全部精力开拓自己的思路。

◆头脑风暴会议

◆儿童受到外界思想干扰少，往往有一些异想天开的想法。图为一幅充满幻想色彩的儿童画

头脑风暴法还要求与会人员一律平等，各种设想全部记录下来。与会人员，不论是该方面的专家、员工甚至是该领域的外行都一律平等；各种设想，甚至是最荒诞的设想，也要求记录人员认真地将其完整地记录下来。

头脑风暴法提倡自由发言、畅所欲言、任意思考。会议提倡自由奔放、随便思考、任意想象、尽量发挥，主意越新越怪越好，因为它能启发人推导出好的观念。

不强调个人的成绩，应以小组的整体利益为重，注意和理解别人的贡献，人人创造民主环境，不以多数人的意见阻碍个人的新观点产生，激发个人追求更多更好的主意。

结语——头脑风暴法的评价

实践经验表明，头脑风暴法可以排除折衷方案，通过客观、连续地分析，能找到一些切实可行的方案，因而头脑风暴法在各个领域都得到了广泛的应用。例如在美国国防部制订长远科技规划的时候，就邀请了 50 名专家开了两周头脑风暴法会议。参加者的任务是对国防部事先提出的长远规划提出异议。通过讨论，得到一个使原来的文件变为协调一致的报告，而最终在原规划文件中，只有 25％～30％的意见得到保留。

当然，头脑风暴法实施的成本（时间、费用等）是很高的，另外，头脑风暴法要求参与者有较好的素质。这些因素是否满足会影响头脑风暴法实施的效果。

怎么都行——发散性思维能力训练

◆打开你的思维，想想橘子都有哪些吃法

发散性思维，又称辐射思维或扩散思维，它以所思考问题的需要作为发散的基点，朝多个方向作辐射发散思考。

其实我们每个人都具有发散思维的能力，问你从北京到上海有几种走法，你一定立马能说出坐火车、坐飞机、坐汽车还有坐轮船等方案，还可以列举不同的旅行路线。其实这些答案就是运用了发散思维方法的结果。老师在上课的时候进行一题多解，对一些课题设计多种解决方案，策划者对一个项目提出几种对策，都是在运用发散思维法。

没有标准答案——发散性思维的基本原则

一位外国教师来中国讲授"企业管理战略"课，他让学生们分析一个案例："阿迪达斯与耐克公司——后来者何以居上？"在介绍了阿迪达斯作为一个赫赫有名的老牌制鞋企业由兴至衰的过程和耐克公司作为制鞋业之新星的崛起经过之后，外国教师提出了一个问题：阿迪达斯的兴衰说明了什么？

学生们纷纷发言。有人说是阿迪达斯错误地估计了市场的潜力，没有及时制定与市场同步发展的策略；有人说是阿迪达斯没有强化核心竞争

◆你怎么看耐克与阿迪达斯之间的竞争

点燃智慧的火光——创造力开发训练

力……总之，答案五花八门，什么都有。

外国教师又问：如果现在你继任阿迪达斯的总经理，你怎样使阿迪达斯重振雄风？这个问题更是让全班炸开了锅，大家都谈得兴高采烈。而当学生们想得到老师给出的标准答案时，这名老师的回答却是："没有标准答案，这种问题有多少人就有多少标准答案。"

◆发散性思维要求倾听者对思维者的观点推迟判断

发散性思维的两个基本原则就是：怎么都行，推迟判断。

首先，所谓的怎么都行是一个根本性的方法论原则。这一原则有两层含义：

一是理论或观点的多元性或多样性。它要求不限制新奇观点，也要对不同的观点采取容忍的态度，从而让所有的想法都产生出来并记录下来。二是方法与途径的多元性，为了产生尽可能多的解决问题的设想和观点，可以使用一切已知的方法，可以尝试一切可能的途径。

而推迟判断就是禁止判断或保留判断。这一原则要求在思维发散期间，对思维者产生和表达出来的任何思想观点都不作任何评价和反驳——不论是否定性的评价还是肯定性的评价，以便思维者能自由地思维和表达。

发散思维的方法

发散思维的方法一般有如下四种：

一般方法

从材料、功能、结构、形态、组合、方法、因果、关系等八个方面进行发散性思维。解决日常问题，都可以从这个八个方面入手，对于简单问题十分有效，对于复杂问题，也很有启发性。

假设推测法

假设推测法包括两个基本步骤。第一，假设某个问题，并以疑问的形式表达出来。在这里要注意的是，假设的问题不论是任意选取的还是有限定的，所涉及的都应当是与事实相反的情况。由假设推测法推出的观念可能大多数是不切实际的、荒谬的、不可行的，重要的是能否从中找到有益的、合理的、可行的观念。

形象命名法

根据法国结构语义学家格雷马斯的观点，形象命名法是以一个核心形象为模型，从这个核心形象出发进行搜索，把它所拥有的开放的类别都搜索出来。例如，由"头"这个核心形象可以发散出大头针头、曲别针头、桅杆头、烟囱头、锤头、蒜头、洋葱头、山头、码头等。

集体发散思维

发散性思维不仅需要用上自己的全部大脑，而且还需要用上我们能够"借"得到的大脑。简言之，不仅需要个人发散思维，而且需要集体发散思维，集思广益。

◆根据这幅名为"发散"的图片类比，说说发散性思维有什么特点？

实战应用——尤伯罗斯办奥运会

举世闻名的现代奥运会也曾经出现过无以为继的局面？1976年加拿大的蒙特利尔市承办的21届奥运会花费了35亿美元，亏损达10亿美元，至今蒙特利尔的市民还在缴纳"奥运特别税"用以还债。1980年苏联奥运会更是开支高达90亿美元。如此庞大的支出，令许多国家和城市望而生畏。

23届奥运会在美国洛杉矶市顺利进行，由洛杉矶市奥委会主席彼得·尤伯罗斯主持，共有140国家和地区的7000多名运动员参加，观众达570多万。这届奥运会不仅没有负债，而且还盈利2亿多美元，创造了震惊世界的奇迹。

尤伯罗斯创造奇迹的秘诀正是应用了如下图所述的发散思维的方法，从"开源""节流"两方面进行发散性思考，最终扭转乾坤。

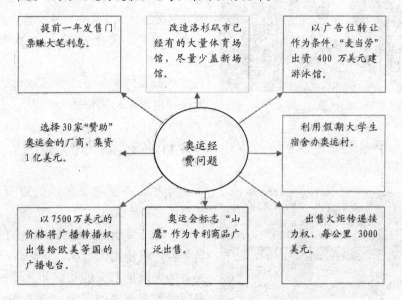

集思广益——智力刺激训练

◆在国人眼中诸葛亮（字孔明，181—234）是智慧的化身，但我们也说三个臭皮匠顶一个诸葛亮，这说明了什么？

◆一般进行智力激励的流程

中国有句俗话："三个臭皮匠顶一个诸葛亮。"集思广益，智力可以放大。

智力刺激法是美国创造学家奥斯本提出来的，所以又称为奥斯本智力刺激法。它通过特定的会议来造成思维者之间的思维"刺激"，使与会者产生联想、创造性想象和技法灵感，从而就能获得量大、面广、质量高的创造性解题设想。

下面我们来看看怎样通过智力刺激法来对我们的思维进行训练。

什么是智力激励法？

智力激励强调了激励的重要性，这有两方面含义：

一是指要能给予思维者较多的信息刺激，填补知识空隙，从而促使思维者的大脑把已有的知识和获得的信息围绕着要解决的问题重新思考，于是新旧信息相互融合从而产生新的设想。而这些新观念的出现，又会引起其他的新反应，从而形成创造性思维的共振和连锁反应。

"激励"的第二个方面的含义是指

能够提供一种鼓励思维者大胆思维和勇于提出新思想的氛围，提高参与者的创造积极性。激励对于创造来说是一种非常有效的形式，它有助于创造者克服胆怯、倦怠、创造意识弱、从众性、过分自我批评等阻碍创造力发挥的不利因素。

进行智力激励训练主要是通过召开"智力激励会"来运作的。智力激励会议必须遵守自由思考、延迟评价、以量求质和结合改善四原则。

案例分析——电线积雪问题的解决

2008年我国南方遭遇了罕见的雪灾，造成了严重的损失，尤其是供电系统更是遭受了毁灭性的破坏。其实在美国北方，这样的灾害是司空见惯的。有一年，美国也遭遇了罕见的雪灾，电线上堆满了积雪，大跨度的电线被积雪压断，影响了正常供电。电力公司采用了智力刺激的方法，终于使问题得到了解决。

◆2008年的雪灾对供电系统造成了严重损失，想象可以用什么好办法除去这些冰雪

电力公司针对这个问题专门召开了一个会议，会上经理发动大家畅所欲言，结果各种设想被提了出来。

如：建议设计一种专用的电线清雪机；

用电热来化解积雪；

用直升机扫电线积雪。

对于有人提出"用直升机扫雪"的设想，许多人心里尽管觉得滑稽可笑，但会上无人提出批评。可是有一个工程师在百思不得其解之时突然从这个"用直升机扫雪"的设想中得到灵感，一种简单可行且高效的清雪方法随之诞生了。

这个工程师认为出动直升机沿着积雪严重的电线飞行，依靠高速旋转的螺旋桨就应该可以把电线上的积雪扇落。他这一异想天开的想法立刻引来了大家的热烈讨论，参加会议的技术人员一下子提出了90多条新设想。

会后，经理组织专家对这些设想进行分类论证。专家们认为设计专用清雪机，采用电热或电磁振荡等方法清除电线上的积雪，在技术上是可行的，但研制费用多、周期长；而"坐飞机扫雪"激发出来的好几种设想，却是一种简单而且快捷的好办法。经过现场试验，发现直升机扇雪真能奏效，一个悬而未决的问题迎刃而解。

默写式智力激励法

◆智力刺激会议

　　奥斯本智力激励法传到世界各国后，各国的创造学家在推广应用中发现奥斯本的智力激励法虽然能够造成自由探讨、互相激励的气氛，但也有一定的局限性。比方说一些表现力和控制力强的人就会影响他人提出设想。智力激励法严禁批评，虽然保证了自由思考，但又难于及时对众多设想进行评价和集中。为了克服这些局限，许多人提出了奥斯本智力激励法的改进方法，默写式智力激励法就是最典型的一种。

　　默写式智力激励法规定：每次会议请 6 人参加，每人在卡片上默写 3 个设想，每轮历时 5 分钟。因此，人们又称此法为"635 法"。

　　默写式智力激励法的一般程序是：

　　（1）会议准备。选择对"635 法"基本原理和做法熟悉的会议主持者，确定会议的主题，并邀请 6 个人参加。

　　（2）会议轮番性进行，主持人宣布议题并对与会者提出的疑问解释后，便开始默写，激发智力。每张卡片上标上 1、2、3 号，在每两个设想之间留出一定空隙，好让其他人填写新设想。

　　在第一个 5 分钟内，要求每个人参考他人的设想后，再在卡片上填写 3 个新的设想，这些设想可以是对自己原设想的修正和补充，也可以对他人设想的完善，还允许将集中设想进行综合，填好后再传给别人。这样，半小时内就能传递交流 6 次，产生 108 条设想。

（3）筛选有价值的新设想。从收集上来的设想卡片中，将各种设想，尤其是对最后一轮填写的设想进行分类整理，然后根据一定的评判性准则筛选出有价值的设想。

 知识书屋

智力激励建奇功

实践表明，在 1 小时的激励会议中，通常可产生 60 到 150 个设想，比一般会议多出 70％左右。日本松下公司运用此法，在一年内提出 170 万条新设想，平均每个职工 3 条。日本著名的创造工程学家志村文彦将此法运用于他发明的价值革新中，1975 年使日本电气公司获得 58 项专利，降低成本达 120 亿日元。

创新之花——灵感激发训练

◆一幅设计师用来启发灵感的三维空间图片

爱迪生有一句名言传诵颇广："天才是百分之一的灵感、百分之九十九的血汗。"长期以来人们都忽视了这百分之一的灵感而过分关注于这百分之九十九的血汗。然而我们认为，虽然天才只需要这百分之一的灵感，但是缺少了这百分之一的灵感，即使有百分之九十九的血汗也成就不了天才。

当然，灵感不会无缘无故地来，钱学森说："人不求灵感，灵感也不会来，得灵感的人是要经过一长段苦苦思索来做准备的。"

由此看来，灵感非常重要，虽然有点来无影去无踪的感觉，但是终究还是要进行训练和准备的。通过恰当的激发和足够的知识积累，意识中就会突然显现出能突破疑难的灵感。

什么是灵感

灵感是人类创新认识活动中一种最奇妙的精神现象。心理学认为，灵感是创新活动过程中出现的一种功能达到高潮的心理状态，这种状态能导致艺术、科学、技术的新的构思和观念的产生。灵感是由疑难而转化成顿悟的一种特殊心理状态。灵感状态的出现是以长期的、辛勤的巨大劳动为前提或基础的。灵感是在创造性劳动过程中出现的心理、意识的运动和发展的飞跃现象。

灵感虽然有许多不相同的形态，但它们都具有三大特征：

（1）首先，从发生上看，灵感是一种突发性的创新活动。灵感来无影、去无踪，不能确切预期，难以寻觅。达尔文回忆说："我能记得当时在路上的那个地方，我坐在马车里突然想到这个问题的答案，高兴极了。"数学家高斯也兴高采烈地讲过他求证数学多年而未解的一个难题："我终于在两天之前成功了……像闪电一样解开了。我自己也说不清楚是什么导线把我的知识和使我成功的东西连接了起来。"

◆灵感在高斯、爱因斯坦、达尔文与沃森的科学发现中起了重要作用

（2）从过程上看，灵感是一种突变性的创新活动。人的思想质变有两种形式：一种随感性认识的积累，经反复思考，渐进式地上升为理性认识；另一种是突变式的急剧飞跃。灵感就是这种突变式的思想飞跃形式。它一旦触发，就会像突然加了催化剂一样，使感性认识迅速升华为理性认识。

（3）从成果上看，灵感是一种突破性的创新活动。灵感能打破人的常规思路，为人类创新活动突然开辟一个新的境界。它是科学创造、艺术创作神奇的助产士。爱因斯坦回忆说："一天，我坐在伯尔尼专利局的椅子上突然想到，假设一个人自由落体时，他绝不会感到自身的重量。我吃了一惊，这个简单的思想实验给我打上了一个深深的烙印，这是我创立引力论的灵感。"

灵感催化剂——灵感激发系统

灵感的激发有外部机遇引发和内部积淀引发两种方式。

外部机遇引发的灵感可分为以下四个方面：

思想点化

这种灵感的触发信息，是在阅读或交谈中偶然得到某种思想的启示和点化，引发了创造的灵感。有一天达尔文躺在沙发上读马尔萨斯的《人口论》作为消遣，当他读到关于繁殖过剩而引起生存竞争的理论时，大脑里突然闪过一道光：生物在生存竞争的条件下，有利的变异会得到保存，不利的变异被淘汰。由此促成了达尔文生物进化论的形成。

◆从这幅图片你能得到什么灵感

原型启示

在创新过程的酝酿阶段，苦苦地思索，这时某种事物、现象、状态很可能起到启示作用而引起灵感。我国数学家侯振挺送一位朋友上火车，在火车站排队上车的队伍前，灵感突然闪现，一年多来梦寐以求的答案清晰地出现在脑际，由此他写成了《排队论中的巴尔姆断言的证明》。

形象体现

形象体现是指某种生动、鲜明、富有新意的形象，使创造者得到灵感。人们熟悉的可口可乐包装瓶就是由于设计者从他女朋友的一件下口收紧的紧身裙的形象引发了设计灵感。

情境感发

情境感发的触发媒介是在某种气氛、情境的感发下，创造者大脑中沉积已久的信息会特别活跃地涌现出来。所谓"触景生情"中的"情"就

◆可口可乐包装瓶设计师的灵感来源于生活

点燃智慧的火光——创造力开发训练

有灵感的成分。内部积淀引起的灵感包括潜知的闪现、潜能的激发、创造性梦幻和潜逻辑等方面。

小测试——你的直觉思维能力如何

请对下列各题给出最适合你的选择。

1. 你常有灵感涌现吗？
   A. 是　B. 不一定　C. 不

2. 你想问题时通常非常专注、投入吗？
   A. 是　B. 不一定　C. 不

3. 你常常长时间钻研一些难题吗？
   A. 是　B. 不一定　C. 不

4. 你自信吗？
   A. 是　B. 不一定　C. 不

5. 你是一个乐观并相信所有问题最终都能解决的人吗？
   A. 是　B. 不一定　C. 不

6. 你认为人的直觉通常是很不可靠的吗？
   A. 是　B. 不一定　C. 不

7. 你有多大的把握才敢与人打赌？
   A. 是　B. 不一定　C. 不

8. 你觉得自己的运气总是很差吗？
   A. 是　B. 不一定　C. 不

9. 有了一个模糊的念头后，你会设法去验证自己的直觉吗？
   A. 是　B. 不一定　C. 不

10. 你喜欢思考吗？
    A. 是　B. 不一定　C. 不

11. 你喜欢由此及彼地联想吗？
    A. 是　B. 不一定　C. 不

12. 你好猜测事情的真相吗？
    A. 是　B. 不一定　C. 不

13. 你相信只有严密的逻辑思考才有助于新知识的发现吗？
    A. 是　B. 不一定　C. 不

14. 你曾从梦境中获得过启示吗?

   A. 是　B. 不一定　C. 不

15. 你常反复斟酌,将利弊完全弄清后才采取行动吗?

   A. 是　B. 不一定　C. 不

16. 受挫前,你常常会有一种模模糊糊的、觉得这样做可能不行的感觉吗?

   A. 是　B. 不一定　C. 不

17. 你注重有张有弛、劳逸结合吗?

   A. 是　B. 不一定　C. 不

18. 你相信自己对问题的判断能力吗?

   A. 是　B. 不一定　C. 不

19. 你喜欢根据一个人的性格和立场,猜测对方的下一步行动吗?

   A. 是　B. 不一定　C. 不

20. 你重视遇到难题吗?

   A. 是　B. 不一定　C. 不

21. 你善于抓住自己思维中一些有价值的闪光点,并作进一步分析吗?

   A. 是　B. 不一定　C. 不

22. 你脑海中能否浮现出过去经历过的事物的鲜明形象?

   A. 是　B. 不一定　C. 不

23. 你能静静地思考问题吗?

   A. 是　B. 不一定　C. 不

24. 你常边思索边用笔在纸上涂画吗?

   A. 是　B. 不一定　C. 不

25. 遇到问题一下子弄不清该如何去做时,你会在手中拨弄有关物件,试着做做看吗?

   A. 是　B. 不一定　C. 不

26. 当你对某个问题产生兴趣后,你会设法去收集大量的有关资料吗?

   A. 是　B. 不一定　C. 不

27. 学习中一个没有解决的问题,会使你在很多天后还记挂着吗?

   A. 是　B. 不一定　C. 不

28. 你的思维开阔吗?

   A. 是　B. 不一定　C. 不

29. 你有着良好的记忆力吗?

   A. 是　B. 不一定　C. 不

30. 有了一些初步的想法时,你会马上记在纸上或笔记本中吗?

A. 是　B. 不一定　C. 不

评分规则：

每题答 A 记 2 分，答 B 记 1 分，答 C 记 0 分。各题得分相加，统计总分。

你的总分：＿＿＿＿＿＿

0～19 分：你的思维呆板，缺乏直觉。

20～40 分：你的直觉思维能力一般。

41～60 分：你的直觉丰富，时有灵感涌现。

你的结果如何呢？

离经叛道——逆向思维能力训练

据说有一天，日本索尼公司名誉董事长井琛大去理发。他在理发的时候从镜子中看电视，但看起来很别扭。他突然想到，如果有一种反画面的电视机，那么观众就能从镜子里正常收看了。他一回到公司便马上召集技术人员研制这种新型电视。事实证明，这种反面电视机不仅可供理发消遣用，还可以用在乒乓、羽毛球等的

◆电视还能反着看？

训练中。有人为避免有害射线辐射，还特地从镜子中收看反面电视呢。

这就是逆向思维法，通俗地讲就是反过来想一想，以背离常规、常理、常识的方式，出奇制胜，找到解决问题的良策。

逆向反转法

◆如何使在草地上才能进行的高尔夫球运动也能在平地上进行？

逆向反转法可以分为功能性反转、结构性反转和因果性反转。

功能性反转就是从已有事物的相反功能去设想新的技术发明或寻求解决问题的新途径，它既可以是功能的直接反转，也可以是功能提供方式的反转。例如长毛高尔夫球的发明便应用了这种思维方法。

我们知道打高尔夫球一般要在

草地上进行，而有人为了能在其他地方打高尔夫球便发明了长毛高尔夫球——通过功能反转，由地上的草为球提供摩擦力转为让球上"长毛"而与普通地面增加摩擦力，从而使高尔夫球运动得以普及。

因果关系反转是指通过改变已有事物的因果关系来引起创意和解决问题的新思路。1820 年，法国的安培发现通电的螺旋管具有磁性。英国物理学家法拉第想：为什么不能用磁来生电呢？经过多年的艰苦探索，他终于在 1831 年发现了电磁感应现象，制造了世界上第一台发电机，为人类进入电气化时代开辟了道路。

◆英国物理学家迈克尔·法拉第（Michael Faraday, 1791—1867）根据安培的发现，逆向思维最终发现电磁感应现象

不走寻常路——背离常规法

◆我国著名的速算专家史丰收
(1956—2009)

知识的学习与经验的积累是人进步的一个重要表现，然而对于创新思维来讲，却可能是一种枷锁或障碍。实际上，创新就是在对习以为常的质疑、对循规蹈矩的突破、对天经地义的反叛等过程中产生的。

我国速算家史丰收创造的速算法就是背离常规的创造。传统的算术都是从低位向高位计算，他却反其道而行之，从高位算到低位，一次获得答案，运算速度甚至可以超过计算器。

逆反心理法——空城计

诸葛亮的空城计是大家熟知的历史故事。诸葛亮机敏过人，知己知彼，在完全洞悉司马懿心理的前提下，一反谨慎处事常态，在面临司马懿大军来袭时，他索性打开城门，悠闲抚琴，从而以智退敌。

这就是对逆反心理的应用，以背离常规的心理状态来决策处理，在管理及军事上都具有特殊意义。其实不仅仅是在古代，逆反心理在现代商业、军事等领域也得到了广泛应用。

典故

空城计

空城计作为一种心理战可谓源远流长，早在春秋时期，郑国的上卿叔詹就以空城计吓退楚国大军。而汉朝大将军李广在一次与匈奴的交战中也曾用过此计。

但真正让空城计家喻户晓的还是《三国演义》。三国演义中的空城计讲的是诸葛亮在街亭一战失利后，魏国的大将司马懿率大军要来攻打诸葛亮所在的只有2500人的西城。诸葛亮却叫士兵把所有城门打开，然后派些士兵装扮成百姓模样洒水扫街。而诸葛亮自己带上头巾，领着书童在城楼上悠闲弹琴。司马懿见此情况，怕有埋伏，居然率领大军退去。空城计充分显示了诸葛亮过人的智慧和胆识。

点击——茅台酒是这样走向世界的

茅台酒在1915年被送展巴拿马的万国博览会，但因其装潢简朴而无人问津。中国商人为此很是苦恼。为了让世界认识中华名酒，有人索性将一瓶茅台酒摔在地上。参展者先是一惊，随即被扑鼻的醇香所倾倒。把好端端的展品摔洒，这样做很反常，然而正是如此一摔，才让世界知晓了茅台，给了茅台走向世界市场的机会。

◆正是这"意外"一摔把国酒茅台推向了世界

司马光砸缸——重点转向法

在日常活动中，常常会有这样的情况，囿于一种方法，一个课题或目标往往得不到解决。在这时候人们如果改变研究方向，把问题的重点从一个方面转换到另一个方面，问题往往就能迎刃而解。

◆司马光聪明之处就在于他能迅速找到问题重点所在

◆穿着笨重宇航服的宇航员行动看起来非常笨拙，如何让身着笨重宇航服的宇航员看到四周的情况可是一件费神的事情

司马光砸缸的故事就是这样的一个典型案例。而这种转换问题重点的创新性思维在现代航天技术中更是发挥着巨大作用。

宇航员在太空中必须穿上厚厚的宇航服来隔离宇宙中各种如宇宙射线等对人有害的外界环境。然而这样厚重的宇航服却使宇航员活动十分不便，尤其是头部活动不便，使宇航员穿上宇航服甚至都无法看到自己胸前的东西。现代摄影系统技术是可以解决这个问题的，这却要增加许多复杂的设备。而宇宙飞船有严格的重量限制，这种方法显然是不可取的，专家们致力于改进宇航服的努力似乎毫无希望。

于是便有人抛开现代技术，仅在宇航员手腕上装上一块小镜子，依靠镜子的反射使视野开阔，于是这个难题便迎刃而解。

化弊为利——缺点逆用法

◆砒霜是名副其实的毒药，但小剂量却能治疗白血病

世界上的事物没有不具有双重性的。"以毒攻毒"就是我国中医宝库中出奇制胜的方略。技术史上一些别具一格的创新，也不乏采用这种"以毒攻毒"的思路。例如砒霜有剧毒，但有人却利用它来治疗白血病。

使事物的缺点化弊为利的方法就称为缺点逆用法。

缺点逆用法可以分为三步走：

第一步，首先是探寻事物可以利用的缺点。

第二步，透过现象，认清缺点的本质，抽象出这种被视为缺点的现象背后所隐藏的可以利用的基本原理或表现为缺点的现象本身的特性、行为、作用过程等。

第三步，根据所揭示的现象背后的基本原理或对对象本身特性等的认识，研究利用或驾驭缺点的方法。

通过这样的步骤，便可化腐朽为神奇，成功化利为弊。

实战应用——变废为宝

　　在处理工业废物的实践中化弊为利的方法早就得到了广泛的应用。例如工业废物煤渣先是用来铺路，后来又被用来制造水泥。北京皮件四厂利用该厂以前用5元/千克处理给废品店的碎皮子生产的"乞丐包"，卖到80多元钱一个还供不应求。汕头的一家橘子罐头厂用原本废弃无用的橘子皮生产的"珍珠陈皮果"卖到33元一斤，一举夺得了1990年亚运会期间单项商品销售的冠军。

平行思维——六顶思考帽训练

六项思考帽是英国学者爱德华·德·博诺（Edward de Bono, 1933—）博士开发的一种思维训练模式，或者说是一个全面思考问题的模型。它提供了"平行思维"的工具，避免将时间浪费在互相争执上。强调的是"能够成为什么"，而非"本身是什么"，是寻求一条向前发展的路，而不是争论谁对谁错。运用博诺的六项思考帽方式思考，将会使混乱的思考变得清晰，使团体中无意义的争论变成集思广益的创造，使每个人变得富有创造性。

六项思考帽思维方式是管理思维的工具，是沟通的操作框架，是提高团队 IQ 的有效方法。

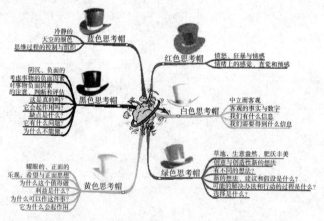

◆六项思考帽法流程示意图

六项思考帽为何有效？

任何人都具有以下六种基本思维功能，这六种功能可以用六顶颜色的帽子来作比喻：

白帽子：白色是中立而客观的，代表着事实和资讯。白帽子是中性的事实与数据帽，具有处理信息的功能。

黄帽子：黄色是乐观的象征，代表与逻辑相符合的正面观点。黄帽子是乐观帽，具有识别事物积极因素的功能。

黑帽子：黑色是阴沉的颜色，意味着警示与批判。黑帽子是谨慎帽，具有发现事物消极因素的功能。

◆对人类来说，不同的颜色总是与特定的含义联系在一起的

红帽子：红色是热烈情感的色彩，代表感觉、直觉和预感。红帽子是情感帽，具有形成观点和感觉的功能。

绿帽子：绿色是春天的色彩，是创意的颜色。绿帽子是创造力之帽，具有创造性解决问题的方法和思路的功能。

蓝帽子：蓝色是天空的颜色，蓝色笼罩四野，控制着事物的整个过程。蓝帽子是指挥帽，具有指挥其他帽子管理整个思维进程的功能。

但我们往往不知道什么时候该戴哪顶帽子，于是导致我们的大脑思想混乱。

"六项思考帽"思维方法的作用原理就是将思考的不同方面分开，这样就能避免我们大脑思考无序和混乱的情况出现。将我们的思维模式进行分解，然后按照每一种思维模式对同一事物进行思考，最终得到全方位的解决方案。

六顶思考帽的应用

对六项思考帽法的最大误解就是仅仅把思维分成六种不同功能，但实际上六项思考帽法的应用关键在于使用者用何种方式去排列功能的顺序，也就是组织思考的流程。只有掌握了编织思考流程的方法才是真正掌握了六项思考帽的精髓。

六顶思考帽一般被认为是一种团队协同思考的工具，然而事实上六顶思考帽对于个人的思考也同样重要。假设一个人要考虑某一个任务计划，不管他的大脑是一片空白还是混乱不堪，六顶思考帽都可以帮助他设计一个思考提纲，他就能按照一定的次序对问题进行解决。这个思考工具能使大多数人头脑更加清晰，思维更加敏捷。

六顶思考帽创立者——爱得华·德·博诺

◆创新思维之父英国心理学家爱得华·德·博诺（Edward de Bono, 1933— ）

爱得华·德·博诺是横向思维（另译水平思维）理论的创立者，在全世界被公认为创造性和创新思维领域以及思维技能的注意力指引领域内的领导者和权威。他还因创造六顶思考帽而享誉世界。博诺写过 68 部书，被翻译成超过 37 种文字，其中《我对你错》一书受到三位诺贝尔奖得主推崇。他的学员既有几岁的儿童和少年，也有高层行政人员和诺贝尔奖获得者。爱得华·德·博诺这个名字已经成为创造力和新思维的象征，他的价值甚至超过了诺贝尔奖得主。由于对人类思维的杰出贡献，爱德华·德·博诺在全球享有盛誉。

广角镜——六顶思考帽的应用

据称，德国西门子公司有 37 万人学习德·博诺的思维课程后，产品开发时间减少了 30％。而英国的施乐公司通过运用六顶思考帽法，员工仅用不到一天的时间就完成了过去需一周才能完成的工作。芬兰的 ABB 公司过去讨论一个国际项目通常得花 30 天的时间，而通过使用六顶思考帽法后缩短到了 2 天。麦当劳日本公司让员工参加"六顶思考帽"思维训练，显著减少了"黑色思考帽"的消极作用，使得员工工作起来更有激情。

点燃智慧的火光——创造力开发训练

在杜邦公司的创新中心，设立了专门的课题探讨用德·博诺的思维工具改变公司文化，并在公司内广泛运用"六顶思考帽"。

如何从全新和不寻常的角度看待问题，在大多数人只能发现问题的地方发现机会；

如何培养协作思考，如何减少交互作用中的对抗性和判断性思考；

如何采用一种深思熟虑的步骤来解决问题和发现机会；

如何创造一种动态的、积极的环境来争取人们的参与；

如何在解决问题时发现不为人注意的、有效的和创新的解决方法；

如何为公司贯彻解决方案创造简单易行的工具；

高度集中与高效会议的方法，将问题分解成不同层次的技能；

如何有效地提高创造能力；

将解决方案轻松贯彻下去的方法。

六帽法思维是革命性的，因为它把我们从思辨中解放出来，帮助人们把所有的观点并排列出，然后寻找解决之道。六帽法思维被世界上许多跨国公司采用。世界上55个国家，超过150万人成功地完成了六项思考帽研修班课程。

◆这些举世闻名的大公司都在广泛应用六顶思考帽法

移花接木——移植创造法

◆ "移花接木"的方法最先在生产实践中广泛应用

移植思维最先来源于生产实践中，人们很早就懂得移花接木的方法。

后来，移植一词有了更广泛的含义，人们把某一事物、学科或系统已发现的原理、方法、技术有意识地转用到其他相关事物、学科或系统，为创造发明或解决问题提供启示和借鉴的创造活动称为移植。它在人类的创造活动中起过重大作用，在现代科学技术和创造发明中，它也还扮演着不可或缺的角色。

创造心理学家布鲁克认为："运用解决一个问题时获得的本领去解决另外一个问题的能力极为重要。"布鲁克所推崇的这种能力就是移植能力。

案例分析——拉链进入外科手术

据报道，免缝拉链于 1999 年首次进入了外科手术领域。担心术后缝合会出现疤痕的病人可以放心大胆地接受手术了。

医院的外科医生演示了这种名为美肤外科免缝拉链的用法。拉链长度从 6 厘米到 50 厘米不等，外观就跟普通拉链一样，在术后完成皮下内缝合的基础上，将已消过毒的拉链贴在刀口两侧的皮肤上，轻轻地拉上即可。

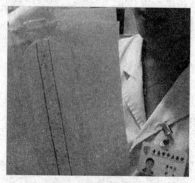

◆手术拉链受到许多患者的热烈欢迎

据介绍，这种拉链刚开始贴上时可承受 1000 公斤的拉力，随后逐日递减，在第九天时轻轻即可揭去。对病人而言，使用这种拉链的好处首先是美观，避免出现缝合线拆除后常见的"蜈蚣脚"状疤痕。同时，由于没有缝线的牵拉、对外伤性裂口无须麻醉，也减少了病人的痛苦。现在这种拉链几乎适用于所有外科领域。把拉链用于外科领域，被称为外科缝合史上的一次变革。

点　击

"手术拉链"避免缝针

侯宝林曾在一段相声里建议那位不负责任的医生给他的肚子装条拉链。谁会想到，"手术拉链"真的问世了——一种只需拉一下便能帮助伤口愈合的"手术拉链"首先在美国推出。

据科研人员介绍，"手术拉链"的应用将使病人免去缝针之苦，手术后贴合伤口只需两分钟，比缝合快十多倍，而且只须拉一下，十分方便。

新兴热点——交叉学科

在知识创新中，人们常常运用移植探索法探索科学的新方法或新理论。不同学科的理论和方法的移植，有产生新的交叉学科和边缘学科的可能，而多门学科的理论知识和研究方法相互渗透和移植，可以产生新的综合学科。

现代科学技术的发展，使得学科与学科之间的概念、理论、方法等相互渗透、相互转移，从而为移植法的应用带来了广阔的前景。当我们在创造过程中需要解决问题时，就可以思考能否运用其他领域已成熟的技术，这比局限在自己所处的领域里冥思苦想要好得多。因为移植法的"拿来主义"和"为我所用"的基本原理和特征，更容易使我们绕过许多重复思考、重复研制的弯路。因此，移植法的本质是借用已有的创造成果进行新目标下的再创造，是使已有成果在新的条件下进一步延续、发挥和拓展。

热 点

热点——庞大的交叉学科家族

我们现在接触的许多耳熟能详的学科都是交叉学科的成员。例如数学与社会学结合产生的计量经济学、算法语言学、计量历史学、定量社会学等；社会学与具体实际相结合，产生了如文化社会学、教育社会学、政治社会学、经济社会学、法律社会学等；多门学科综合产生了城市经济学、城市社会学、城市地理学、城市规划学环境工程学、环境法学等等。

移植法的主要途径

移植法主要可以分为四个方面：原理移植、方法移植、回采移植和功能移植。

原理移植

无论是理论还是技术，尽管领域不同，但常可发现一些共同的基本原理，因此可根据不同的要求和目的进行移植创新。例如，红外辐射是一种很普通的物理形式，而将这一原理应用到其他领域，便产生了许多新奇的成果——红外线探测仪、遥感、"响尾蛇"导弹等等。

◆大名鼎鼎的响尾蛇导弹就是移植了响尾蛇的红外感应原理而研制的

方法移植

17世纪的笛卡尔就率先进行了科学方法的移植。他以高度的想象力，借助曲线上"点的运动"的想象，把代数方法移植于几何领域，将代数和几何相融合，最终创立了解析几何。

回采移植

历史表明，许多被弃置不用的"陈旧"技术，只要赋予现代技术加以改造，往往会导致新的创造。例如，古代航海的帆船技术在工业革命后几乎被淘汰，然而，在 20 世纪下半叶，东西方有 20 多个国家先后开始了对帆船的研究，成立了许多"风帆研究所"，用现代计算机技术，应用最佳的

◆ "陈旧"的帆船技术在现代重受欢迎得益于回采移植法

采风性能和推进性能，使这些帆船速度可与快艇媲美，加上节能、安全、无噪音、无污染等优点，故而广受欢迎。

功能移植

这是指把诸如激光技术、超声波技术、超导技术、光纤技术、生物工程技术以及其他信息、控制、材料、动力等一系列技术所具有的技术功能以某种形式应用于其他领域。例如，环保专家将细菌能处理有机质的功能应用于废水处理，让有净化作用的细菌处理污水的办法就是目前污水处理中的活性污泥处理法。

智者巧问——设问检查能力训练

◆在日常生活中你会经常对许多
东西产生问题吗?

我们通常都说,"没有做不到,只有想不到"。哲学家们说,一个优秀哲学家的优秀之处不在于解决一个难题,而在于提出一个意义深远的问题。我国著名的教育家陶行知说:"智者问得巧,愚者问得笨。人力胜天工,只在每事问。"由此可以看出提问的重要性。

设问检查就是对创新对象进行分析、展开,以明确问题的性质、程度、范围、目的、理由等等,从而使问题具体化以缩小需要探索和创新的范围。它不但是寻找发明的途径,还可以从不同的角度、多个方面进行问题检查,思维变换灵活,有利于突破传统的条条框框,得到各种不同类型的答案。

自设问检查法诞生以来,在实际应用中深受欢迎,产生了大量的创造性设想,被誉为"创造学之母"。

奇特的火箭

说起火箭,大家一定都会想起那翱翔于太空的"长征三号",但是有的火箭却从来不上天。有人设想,火箭假如倒过来会这样呢?于是,奇特的探地火箭诞生了。

人们在火箭头部装上很坚硬的尖头,向地下发射。这种火箭的发动机喷口仍然向下,但当发动机喷出火焰后,火箭却并不升空,反而一点一点向地面"坐"下去,一口井就这么形成了。这种钻地火箭特别适用于很难对付的坚硬岩层。火箭钻井利用了高温高压的火箭发动机使岩石破碎,这就是火箭的倒用。

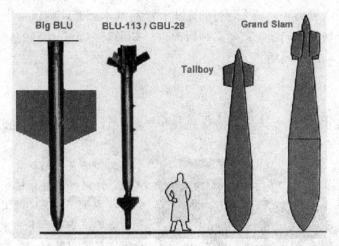

◆美国不仅将钻地火箭应用于采矿，更是在反恐战争中让其大发神威，而这种神兵利器得益于发明者独特的设问角度

什么是 5W1H？

此法是由美国陆军首创，通过连续提 6 个问题，构成设想方案的制约条件，设法满足这些条件，便可获得创新方案。现在，5W1H 法广泛应用于改进工作、改善管理、技术开发、价值分析等层面。

5W1H 首先从六个角度作检查提问。

为什么（why）

做什么（what）

什么人（who）

什么时间（when）

什么地方（where）

怎么样（how）

◆什么是 5W1H？

通过这样的提问，就能将事物的疑点、难点一一找出来，然后进行分析，寻找改进措施。如果现行的方法和产品基本满意，则认为该方法和产品可取；如果有问题，则对其加以改进；如果某方面有独到的优点，则应借此扩大产品的效用。

广角镜——小卖部的逆转——5W1H 法在管理方面的应用

◆学了本节，你能给那些机场车站生意冷清的小卖部提出什么好的能改善销售局面的办法吗？

其实如果仔细研究，我们可以发现，设问伴随着任何一种发明和创造，甚至可以说设问就是创造的一种基本准备和基本能力。如果没有设问的思维能力，就算机会摆在眼前，直到它溜走我们也丝毫不能觉察到。

某航空公司的机场候机室二楼设有一个小卖部，生意相当清淡。公司经理就用 5W1H 法检查问题何在，结果发现在什么人、什么地方、什么时间三方面存在问题。

a. 谁是顾客？机场小卖部应当把入境的旅客当主顾才对，而这些客人不需要上二楼。在二楼逗留的大部分是送客或接客的人，他们完全可以在市内的大市场里慢慢挑选，不必要到机场来买东西。

b. 小卖部应该设在什么地方？旅客入境的路线都是经海关检查后直接从一楼拐弯离开。根本不需要走二楼，小卖部应该设在旅客的必经之路上。

c. 什么时候购物？出境的旅客只有当行李到海关交付航空公司后，才会有闲情光顾小卖部，旅客没有时间购物。

于是该经理得出结论，小卖部生意不佳的原因是：没有找准主要顾客，小卖部的位置偏离了旅客的必经之路，旅客没有时间购物。针对这三点，机场进行了改进，以旅客为主顾，调整海关检查路线和行李交付时间。此后，小卖部生意兴隆。

5W1H 法在生产中的应用

人们都喜爱佩戴珍珠，但天然的珍珠产量十分有限，于是人们就开始人工生产珍珠。我们知道珍珠是由贝产生的，而人工生产珍珠的途径就是通过人工养殖贝进行的。但人工养殖过程中，贝的成珠率很低，甚至容易死掉。科学家应用5W1H法便可以将问题缩小，然后分别解决。

◆人工养殖珍珠的成功满足了许多人爱珍珠的需求

　　a. 做什么：放什么东西贝不容易死掉？放沙子不行，改用裹着贝肉的贝壳碎粒可不可以呢？

　　b. 什么时间：什么季节在贝里放东西最容易成功？贝长到多大时适宜进行殖珠？一天中什么时间最有利？

　　c. 什么地方：殖珠的位置选在什么地方最好？

　　d. 怎么样：如何让贝开口？放进异物后应该如何养护？

　　专家通过对上述问题的一一解答，终于攻克了人工养殖珍珠的难题，使人工养殖珍珠迅速推广开来。

明日太阳——创新性教育展望

◆教育决定孩子的成长，孩子就是民族的未来

创新教育是依据创造学的理论、方法并将创新运用于教育实践，开发创造力。培养具有创新精神的学生，需要创新性的教育。

钱学森说："现在中国没有完全发展起来，一个重要的原因是没有一所大学能够按照培养科学技术发明人才的模式去办学，没有自己独特的创新的东西，老是'冒'不出杰出人才。这是很大问题。"科学是研究未来的东西，科学的教育任务是教学生探新、创新。

创新教育的含义和目标

当今国家之间竞争异常激烈，国家间的竞争说到底是综合国力的竞争，综合国力最终取决于国民素质的竞争，而国民素质则直接取决于国民教育水平。而创新性教育在其中扮演者最重要的角色。

创新性教育强调培养和塑造创新人才，它对于推进素质教育有着非常重要的作用，主要体现在以下几个方面：

◆世界上最为著名的大学之一——美国的哈佛大学。教育是一个国家强大的根本，美国发达的教育注定了美国的强大

首先，创新教育是适应知识经济时代人才素质培养的一种重要的教育形式，它的实施有助于加速应试教育向素质教育转轨的进程，同时也使素质教育具体化，而素质教育具体化是实现素质教育的核心；其次，创新教育要求更新教育观念，建立新的思想观念，新的思想观念、理论和方法需要从素质教育中产生和传递，所以创新教育是实现素质教育的关键；最后，创新教育要求教学内容具体体现与时代发展相适应的先进的科学技术知识和技能，而创新教育是基础。

案例——日本创新教育的神奇效果

在科学技术进步的突飞猛进和人才竞争日趋激烈的形势下，以技术立国但缺乏创造性思维的日本清晰地认识到他们的致命弱点是缺乏创造力，因此，日本政府明确提出，要通过创造教育培养"全球的进攻型人才"。日本经数十年的创造教育，终于成为了世界上科技领先、工业发达的国家。在发达国家的科学家中，日本人超过了1/4。

◆正是发达的创造力，保证了日本在竞争激烈、更新速度极快的电子产品市场傲视群雄

创新教育的途径和方法

创新教育是一种不同于传统教育的教育模式，它既不以知识积累的数量为目标，也不以知识积累的程度为目标。与传统教育相比，创新教育同样强调合理的知识结构及获取知识的方式，同样强调培养学生的各种能力，但更强调学生创造能力的培养。创新教育的主要目标不是像传统教育那样去培养同一规格的人才，而是要全力以赴地开发学生的创造力，培养创造型、复合型、通才型的新型人才。

知识书屋——10种创新型教学方法

情感教学法	情感教学法是一种以情感人，以情育人的教学方法，它不仅可以调动学生学好科学知识的积极性，而且还可以培养学生健全的精神品格。
发现式教学法	由美国"结构教育"学派代表人物布鲁纳倡导，已在全世界推行。发现教学是一个总的概念，包括发现式教法和发现式的学习方法。
讨论式教学法	讨论式教学法又叫课堂讨论法，有的叫专题讨论，它的英文是"种子"的意思。因为在讨论中提出的新观点犹如种子一般。
疑问式教学法	疑问式教学是教师用问题来启发学生思考，通过提问的方式引出新内容、新概念、新结论，并培养学生"生疑、质疑和释疑"的能力。
案例教学法	此法最先由德国人根舍因提出。案例教学法的特点是根据教学目的的需要，选择一个或几个具有代表性的问题进行教学的方法。
暗示教学法	暗示教学法通过暗示，促使学生通过无意识的心理活动挖掘心理潜力，以达到培养创新能力的目的。
思维开放教学法	思维开放式教学就是要求学生不要死记硬背书本现成的答案和老师给出的结论，要着眼于各种不同答案或结论的自主选择。
实验探索教学法	实验探索教学法就是把教学和实验、研究结合起来，让它们相互促进、共同提高。
系统思考教学法	系统思考教学法是培养学生的系统思维习惯，使学生能够从个别知识的整合中把握新知识、获得新能力。
社会参与教学法	创新教育提倡"走出去、请进来"的教学方法，把书本知识和社会实践相结合，学生就可以主动掌握教材所规定的内容。

亚里士多德的方法

亚里士多德认为理性的发展是教育的最终目的，他主张国家应对奴隶主子弟进行公共教育，使他们的身体、德行和智慧得以和谐地发展。在教学方法上，亚里士多德重视练习与实践的作用。如在音乐教学中，他经常安排儿童登台演奏，现场体验，熟练技术，提高水平。在师生关系上，亚里士多德不是对导师一味地言听计从，唯唯诺诺，而是在继承的基础上敢于思考，敢于坚持真理，勇于挑战。他那"吾爱吾师，吾尤爱真理"的品格，鼓舞着他把柏拉图建立起来的教学理论推进到了一个更高的水平。他和他的学生们常常在人行道上边走边聊，尽情阐发思想，人们亲切地称他们的学派为逍遥学派。

◆亚里士多德的课堂看起来学生有些自由散漫

创新型教师——影响杨振宁成长的三位教授

杨振宁先生在《我的四十年》一文中回忆了自己的成长道路，他说对他的一生影响最大的三位教授是费米、泰勒和艾里逊。他曾随艾里逊教授从事实验物理研究工作，经过近 20 个月的工作，艾里逊教授认为他不具备实验物理的特长，却有专攻理论物理的天赋。于是，艾里逊教授建议他重新设计自己的目标，从实验物理转向理论物理。最终杨振宁在理论物理领域取得巨大成功。老师对学生的影响的重要性可见一斑，因此创新型的教师是创新型教育的基石。

◆中国古代就有伯乐与千里马的故事，充分说明了天赋需要被引导和发现

动动脑——鸡蛋是生的

　　有一次，有一位教师在课堂上解释内因与外因的关系，他拿出了一个鸡蛋问学生："为什么鸡蛋能孵出小鸡?"按他的设想，学生会回答鸡蛋中蕴藏着小鸡的因子，然而，有一个学生脱口而出："因为鸡蛋是生的。"这个回答大出教师的意外，他生气地顺口说："废话！熟的就可以吃了。"显然这位教师否定了学生出

◆为什么面对同样的鸡蛋，老师和学生有截然不同的看法？难道真的总是老师对而学生错了吗？

◆美国的课堂是自由式的，为的就是避免固定不变的课堂布置会限制学生的创造力

点燃智慧的火光——创造力开发训练

乎意料的回答，也失去了一次训练学生创新思维的机会。

一个创新型教师应该具有进取心、想象力、挑战性、冒险性等人格特征。

创新型教师的认知加工方式往往是以发散性加工方式为核心，以收敛性加工方式为支持因素，两者有机结合。他们更喜欢探寻问题的多种可能性，备课时注意选择"发散点"，对教学过程中可能出现的各种情况考虑得比较充分，对学生探索一题多解的努力和出乎意料的问题，多持肯定和鼓励的态度，而且可以有意识地加以引导。不仅如此，他们还能经常提出一些开放性的、答案多样性的问题，以激发学生的创新思维。